わかりやすい
土木施工管理の実務

速水洋志——著

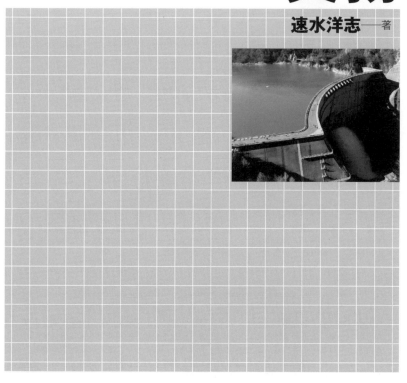

Ohmsha

本書を発行するにあたって，内容に誤りのないようできる限りの注意を払いましたが，本書の内容を適用した結果生じたこと，また，適用できなかった結果について，著者，出版社とも一切の責任を負いませんのでご了承ください．

本書は，「著作権法」によって，著作権等の権利が保護されている著作物です．本書の複製権・翻訳権・上映権・譲渡権・公衆送信権（送信可能化権を含む）は著作権者が保有しています．本書の全部または一部につき，無断で転載，複写複製，電子的装置への入力等をされると，著作権等の権利侵害となる場合があります．また，代行業者等の第三者によるスキャンやデジタル化は，たとえ個人や家庭内での利用であっても著作権法上認められておりませんので，ご注意ください．

本書の無断複写は，著作権法上の制限事項を除き，禁じられています．本書の複写複製を希望される場合は，そのつど事前に下記へ連絡して許諾を得てください．

出版者著作権管理機構
（電話 03-5244-5088，FAX 03-5244-5089，e-mail : info@jcopy.or.jp）

JCOPY ＜出版者著作権管理機構 委託出版物＞

はじめに

　近年，土木業界を取り巻く状況は目まぐるしく変化してきています．一時期の公共事業への風当たりにより，土木に対する社会的評価が低下したことで，業界の景気低迷が続いていました．しかし，そこから一転して，東日本大震災からの復興に向けての取り組み，2020年開催の東京オリンピックに関する施設や周辺整備といった喫緊の課題が生じたことに加え，高速道路やトンネル，橋梁等の大規模インフラの老朽化への対応も重なり，土木業界全体の景気は上昇傾向にあります．

　しかし，それとは裏腹に，土木技術者の人材不足が深刻な問題となっています．しかも，近年の土木技術者は「専門化，細分化され，全体の仕事の中での自分の役割を知らない」「机上の知識と書類管理優先により現場を知らない」「コンピュータ万能による結果主義で，基礎知識を知らない」というような，ないないづくしに陥っているのが現状です．

　特にこの傾向は，施工現場において顕著にあらわれてきており，ひいては大事故の発生，工事の遅延，工事品質の低下を招く恐れがあります．

　そこで問われてくるのが「施工管理」の重要性です．各施工現場ではそれぞれの施工会社が法に定められた「監理技術者」「施工管理技士」「作業主任者」などの技術者を配置して対応はしていると思われますが，前述の「机上の知識と書類管理優先により現場を知らない」技術者が多々見受けられるのも現実です．

　本書は，現場において実際に施工に携わる「施工管理技術者」に必携の参考書として，施工現場の基礎から応用知識について幅広く記しています．また，現場経験豊かな技術者にとってはもう一度おさらいの意味も含めて，「施工管理」の原点に立ち返りステップアップを図る一助となれば幸いと思います．

　これからの「土木技術者」がもう一度施工現場に立ち戻り，「安全管理」「品質管理」「工程管理」「原価管理」を中心とした総合的な「施工管理」に向かって展開を進めて行かれることを願う次第です．

　本書の執筆にあたり，適切な助言をいただくとともに，各専門分野における資料，写真の提供をいただいた専門家，関係者各位に対して改めて感謝の意を表す次第であります．

2015年5月

速水　洋志

目次

第1章 施工管理の概要　　施工管理とは？　　1
- 1-1 施工管理の内容……PDCAサイクルを回す　2
- 1-2 施工管理の基本構成……品質，工程，原価が基本的3要素　4
- 1-3 施工管理の位置付け……契約書，仕様書により規定される　7
- 1-4 施工管理の資格……施工管理技士は必要不可欠な国家資格　10

第2章 施工の準備　　発注までの準備をしっかりと　　13
- 2-1 測　量……地形と位置を測る　14
- 2-2 土質調査……地盤の状況を把握する　23
- 2-3 設　計……目的物を図面に表す　27
- 2-4 積　算……工事費を積み上げる　31
- 2-5 契　約……発注者と受注者が請負契約を履行する　34

第3章 土木一般　　土台と骨組みをしっかりと　　39
- 3-1 土　工……地盤の土を動かす　40
- 3-2 コンクリート工……骨組みをつくる　57
- 3-3 基礎工……土台をつくり構造物を支える　69
- 3-4 擁壁工……土圧を抑える　76
- 3-5 排水工……地表の水を流下させる　83
- 3-6 舗装工……道路走行を快適にする　87
- 3-7 主な土木工事……土木が作るすごいもの　90

第4章 建設関連法規　　コンプライアンスをしっかりと　　105
- 4-1 建設業法……建設業の健全な発達を促進する　106
- 4-2 労働基準法……働く者の労働条件を守る　109
- 4-3 労働安全衛生法……働く者の安全と健康を確保する　112
- 4-4 道路交通関係法令……道路と車と歩行者の交通を守る　117
- 4-5 騒音・振動規制法……静かな生活環境を守る　119
- 4-6 その他施工関連法令……社会基盤を守る不可欠な決まり　122

第5章　施工計画　施工の手順をしっかりと　**127**

- 5-1　施工計画の作成……最適な施工条件を策定する　128
- 5-2　事前調査検討……契約条件と現場条件を十分に把握する　136
- 5-3　施工体制台帳・施工体系図……施工の責任と分担を明確にする　138
- 5-4　仮設備計画……本工事のために必要かつ重要な設備　140
- 5-5　建設機械計画……本工事を演出する重要な手段　143
- 5-6　原価管理……経済的な施工計画により利益向上を図る　151

第6章　工程管理　工事の段取りをしっかりと　**155**

- 6-1　工程計画……最適な工程により品質を作り込む　156
- 6-2　工程表……工事に適した工程表を作成する　159
- 6-3　ネットワーク……工事全体を一つの流れに表す　163

第7章　安全管理　災害防止対策をしっかりと　**167**

- 7-1　安全管理全般……労働災害防止に向けて万全な対策　168
- 7-2　仮設工事の安全対策……仮設備作業に含まれる危険　172
- 7-3　建設機械の安全対策……建設機械作業に含まれる危険　180
- 7-4　クレーン作業の安全対策……クレーン作業に含まれる危険　183
- 7-5　掘削作業の安全対策……掘削作業に含まれる危険　187
- 7-6　公衆災害防止対策……建設工事による第三者への危険　190
- 7-7　その他危険工事の安全対策……まだまだある危険な工事　192

第8章　品質管理　良いものをしっかりと造る　**197**

- 8-1　品質管理基本事項……工事の規格を満足するための管理体系　198
- 8-2　品質特性……総合的に判断できる選定条件が重要　200
- 8-3　品質管理の方法……基準値と規格値をしっかりと判断する　203
- 8-4　品質管理図……品質の時間的変動と工程の安定を判定する　210
- 8-5　ISO 国際規格……企画，設計，製造，サービスの要求事項　215

第9章　環境保全管理　人に地球にやさしく　**217**

- 9-1　環境保全対策……典型七公害に対応する対策　218
- 9-2　騒音・振動対策……対策は発生源で実施する　222
- 9-3　建設副産物・再生資源……建設資材は再資源化，有効利用する　226
- 9-4　産業廃棄物……廃棄物は排出を抑制し，再生利用を図る　233

目　次

巻末資料　現場で役立つ土木の基本公式　　237
参考文献　　245
協力者一覧　　246
索　引　　247

■土木豆辞典
　あれっ？似ているな〜　　12
　土木用語（1）　　38
　土木用語（2）　　104
　土木用語（3）　　154
　トンネル工事の言い伝え，安全祈願　　196
　旧単位系と国際単位系，土木の現場でよく使う単位　　236

第1章

施工管理の概要

施工管理とは？

1-1 施工管理の内容

■ PDCAサイクルを回す

施工管理の基本事項

●施工管理の機能

① 所定の工期内に ────── 工程管理
② 所定の形状に正確に ────── 出来形管理
③ 所定の費用で経済的に ────── 原価管理
④ 所定の品質・規格に ────── 品質管理
⑤ 事故も無く安全に ────── 安全管理

　施工管理の機能とは，契約条件に基づき設計図書どおりの工事目的物について，上記項目につき策定した施工計画書に沿って，工事の計画および管理を行うことである．

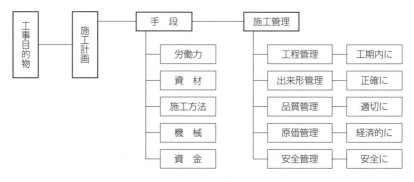

▲施工管理の機能

●施工管理の区分

① 建設工事の請負工事における施工管理とは，発注者の要求する工事目的物を施工するために，受注者が自ら行うものが「施工管理」であり，発注者が行う「監督管理」とは異なったものである．
② 出来形管理とは，工事目的物の形状，寸法，仕上げなどの出来形に関する管理で，品質管理とは，資材，材料，施工方法，機械などの手段を含めた品質に関する管理のことである．

施工管理の手順

●管理の循環性と前進,向上性

① 管理を行うということは,定められた計画が順調に進んでいる場合は問題はないが,軌道から外れた場合には,軌道に復帰させる必要がある.

② 軌道を外れた要因が計画自体にある場合は,この計画を立て直す必要があり,反復を行うという循環性をもたせなければならない.

③ 計画の見直しには,従来の質よりも向上した内容にする必要があり,循環性とともに,前進,向上性を伴う管理とするべきである.

●PDCAサイクル

施工管理の進め方には,下記のような循環性をもたせる.

① **計画(Plan)**:対象とする工作物に対して,どの項目を管理するか計画を立て,「土木工事施工管理基準」に基づき基準値,規格値を定める.

② **実施(Do)**:計画に基づき作業を実施する.

③ **検討(Check)**:作業の実施によって得られたデータを記録整理し,計画と実績を確認し,比較検討を行う.

④ **処置(Action)**:検討結果が計画から外れていれば,その原因を追求し,適切な処置をとる.その結果,満足すべき状態になったら,再度それを計画(Plan)にフィードバックし,修正を加えて再計画する.

⑤ **反復進行(リサイクル)**:「計画→実施→検討→処置」(P→D→C→A)を1サイクルとして反復進行すべきものである.

▲管理の循環性

1-2 施工管理の基本構成

■ 品質，工程，原価が基本的3要素

施工管理の基本的3要素

施工管理における基本的3要素は，「品質管理」，「工程管理」，「原価管理」であるが，その他に，社会的制約に基づく「安全管理」，「環境保全管理」，「労務管理」などがある．

● 品質管理

① 品質管理とは，設計図書に示された品質規格を十分に満足するような構造物を造るために，「品質管理基準」に基づいて，物理的および化学的試験を実施し，その結果を，統計的手法を応用して，問題点や改善の方法を見いだし，良好な品質を確保するように管理をすることをいう．

② 品質管理の目的は，施工管理の一環として，工程管理，出来形管理とも併せて管理を行い，初期の目的である工事の品質，安定した工程および適切な出来形を確保することにある．

● 工程管理

① 工程管理とは，施工前において最初に計画した工程と，実際に工事が進行している工程とを比較検討することをいう．

② 計画工程と実施工程に差異が生じてきているときは，その原因を調査し，取り除くことにより，工事が計画どおりの工程で進行するように管理し，調整を図ることである．

● 原価管理

① 原価管理とは，受注者が工事原価の低減を目的として，実行予算書作成時に算定した予定原価と，すでに発生した実際原価を対比し，工事が予定原価を超えることなく進むように管理することである．

② 予定原価を超えた場合には，その原因を調査し，必要ならばその対策を立てる．

社会的制約に基づく管理

● 安全管理

① 安全管理とは，労務者や第三者に危害を加えないようにするために，安全管理体制の整備，工事現場の整理整頓，施工計画の検討，安全施設の整備，安全教育の徹底を行うことである．

② 工程の進捗に伴い生じる状況変化に対して，的確に対応し，管理することで，

1-2 施工管理の基本構成

1枚の予算書で利益を絞り出す！

【初級編】実行予算書（簡易版）

作成日（平成　年　月　日）

I　工事概要

現場名	
工事場所	
注文者	
受注形態	□元請　□1次　□2次　□3次〜

II　受注内容

工種	数量	単位	単価	金額
①				
②				
③				
④				
⑤				
合計				

III　原価

1）労務費・外注費

工種・費目	数量	単位	単価	金額
①				
職長・世話役		人		
特殊技能・職人		人		
一般作業員		人		
アルバイト等		人		
計		人		
②				
職長・世話役		人		
特殊技能・職人		人		
一般作業員		人		
アルバイト等		人		
計		人		
③				
職長・世話役		人		
特殊技能・職人		人		
一般作業員		人		
アルバイト等		人		
計		人		
④				
職長・世話役		人		
特殊技能・職人		人		
一般作業員		人		
アルバイト等		人		
計		人		
⑤				
職長・世話役		人		
特殊技能・職人		人		
一般作業員		人		
アルバイト等		人		
計		人		
合計		人		

2）資材費

工種・費目	数量	単位	単価	金額
合計				

3）工事概要

工種・費目	数量	単位	単価	金額
大型車		台		
4t・2t		台		
普通車・ほか		台		
合計				

4）機械費

工種・費目	数量	単位	単価	金額
合計				

5）材料費

工種・費目	数量	単位	単価	金額
合計				

6）現場経費

工種・費目	数量	単位	単価	金額
交通費（燃料）				
交通費（通行料）				
宿泊費・食費				
お茶代				
合計				

IV　原価率

①受注金額	円
②原価合計	円
③原価率　（②÷①）×100	％
④目標原価率	％
⑤差異	％

▲実行予算書

適正な工期，工法，費用のもとに土木工事の安全を確保することをいう．

環境保全管理

① 環境保全管理とは，工事を実施する時に起きる，騒音振動をはじめとする環境破壊を最小限にするために配慮することをいう．
② 工事において発生する副産物，廃棄物等を適正に処理することをいう．

労務管理

労務管理とは，工事を実施する時に雇用する従業員や労務者について，労働関係法規上の規定を遵守することをいう．

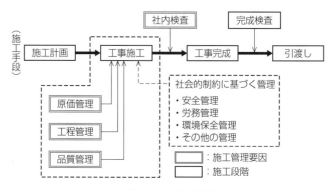

▲施工管理の基本構成

ワンポイントチェック！ 「管理」と「監理」の違いは？

施工現場には「施工管理」と「施工監理」の２つの「かんり」がありますが，意味は大きく異なります．

「施工管理」：施工会社の現場責任者（現場監督）のことを指し，工事現場を動かす責任者で，工程管理，安全管理，原価管理を主に行います．

「施工監理」：元請負会社の責任者として，現場における「施工管理」全般について指導監督を行い，発注者からの指示，発注者への報告などを行います．

1-3 施工管理の位置付け

■ 契約書，仕様書により規定される

施工管理の規定

施工管理は，工事請負契約書，土木工事共通仕様書および各種基準により，次のように規定されている．

● 工事請負契約書による規定

> **工事請負契約書**（第1条）
> 発注者及び受注者は，この契約書に基づき，設計図書に従い，日本国の法令を遵守し，この契約を履行しなければならない．

● 土木工事共通仕様書による規定

> **土木工事共通仕様書**（第1-1-30条「施工管理」）
> 1. 受注者は，施工計画書に示される作業手順に従って施工し，土木工事施工管理基準（農村振興局長通知）により施工管理を行い，その記録を監督職員に提出しなければならない．
> 2. 受注者は，本条1の施工管理基準及び設計図書に定めのない工種について，監督職員と協議のうえ，施工管理を行うものとする．
> 3. 受注者は，契約図書に適合するよう工事を施工するため，自らの責任において，施工管理体制を確立しなければならない．

● 土木工事特別仕様書記載例における規定（記載例）

項 目	内 容
第11章 施工管理 1. 主任技術者の資格	主任技術者または監理技術者は，共通仕様書第1編1-1-10に規定する（…）又は（…）の資格を有するものでなければならない．
2. 施工管理基準 　(1) 施工管理の追加項目	施工管理に定めのない追加項目と，その管理基準はつぎによらなければならない． 1) ○○○
(2) 施工管理基準からの除外項目	施工管理基準に定めている次の項目については，適用除外とする． 1) ○○○

土木工事施工管理基準における規定（農林水産省土木工事規定例）

施工管理の実施

1 施工管理責任者

受注者は，土木工事共通仕様書 第1編共通編 第1章総則 第1節総則1-1-10主任技術者等の資格に規定する技術者等と同等以上の資格を有する者を，施工管理責任者に定めなければならない．施工管理責任者は，当該工事の施工管理を掌握し，この管理基準に従い適正な管理を実施しなければならない．

2 施工管理項目

施工管理は，別表第1「直接測定による出来形管理」，別表第2「撮影記録による出来形管理」，別表第3「品質管理」により行うものとする．なお，この管理基準又は特別仕様書に明示されていない事項及び不明な事項については，監督職員と協議するものとする．

3 施工管理の実施と提出内容

施工管理は，契約工期，工事目的物の出来形及び品質規格の確保が図られるよう，工事の進行に並行して，速やかに実施し，その結果を監督職員に提出し，確認を受けるものとする．

なお，提出様式は別表第4「施工管理記録様式」を参考に適正な方式を選定するものとする．

4 施工管理上の留意点

(1) 完成後に明視できない部分又は完成後に測定困難な部分については，完成後に確認できるよう，測定・撮影箇所を増加する等，出来形測定，撮影記録に特に留意するものとする．

(2) 完成後に測定できないコンクリート構造物の出来形測定は，監督職員の承諾を得て，型枠建込時の測定値によることができるものとする．

(3) 管理方式が構造図に朱記，併記するものにあっては，規格値を合わせて記載するものとする．

(4) 施工管理の初期段階においては，必要に応じて測定基準にかかわらず測定頻度などを増加するものとする．

(5) 出来形測定及び試験等の測定値が著しく偏向したり，バラツキが大きい場合は，その原因を追求かつ是正し，常に所要の品質規格が得られるように努めるものとする．

5 検査（完成・既済部分）時の提出内容

受注者は，完成検査，既済部分検査時に，この管理基準に定められた施工

管理の結果を提出するものとする．

6 その他
(1) 規格値の上下限を超えた場合は「手直し」を行うものとする．ただし，上限を超えても構造及び機能上，支障ない場合はこの限りでない．
(2) 施工管理の記録は，電子納品対象物である．
(3) 施工管理に要する費用は，受注者の負担とする．

7 用語の定義
　管理基準値…管理基準値は，「規格値」の範囲内に収まるよう，受注者が実施する施工管理の「目標値」として示したものである．
　規　格　値…規格値は，設計値と出来形測定値，試験値との差の限界値であり，測定・試験値は全て規格値の範囲内になければならない．

1-4 施工管理の資格

■ 施工管理技士は必要不可欠な国家資格

施工管理技士

● 施工管理技士とは

① 施工管理技士とは，国内の建設業において特定の業種について施工を管理する技術について認定する，建設業法第27条に基づく国家資格である．

② 建設業法の目的として「建設業を営む者の資質の向上，建設工事の請負契約の適正化を図ることによって，建設工事の適正な施工を確保し，発注者を保護するとともに建設業の健全な発展を促進し，もって公共の福祉の増進に寄与すること」と定められている．

③ その目的達成の一環として，建設工事に従事する者を対象にして技術検定を行い，施工技術の向上を図ることとされている．

④ あくまでも，施工を行う職人の技術を認定するのではなく，設計から実際の施工に至るまでの一連を管理監督する技術者が対象である．

⑤ 知識自体も重要であるが，実務経験を有することが不可欠な条件であり，受験資格にも実務経験が求められている．

● 資格取得の意義

① 技術検定試験の合格者は施工管理技士の称号を得ることができる．

② 一定水準以上の施工技術を有することを公的に認定された者となり，建設業法においても，以下のような特典がある．

(1) 施工管理技士は，検定の種目および級に応じて建設業法に規定する許可の要件としての営業所に置かれる専任技術者および工事現場に置かれる主任技術者または監理技術者（ただし1級のみ．指定建設業以外に限り，2級は別途実務経験年数を満たせば可）の資格を満たす者として取り扱われる．

(2) 経営事項審査において，1級施工管理技士は5点，2級施工管理技士は2点として評価される．また，技術者の数に数えられる．

(3) 級別に受験・取得の難易度が違うだけで，2級だからある一定規模以上の工事に従事できないといった制限はない（ただし，建設工事の大部分を占める土木・建築・電気・管・鋼構造物・舗装・造園の指定建設業の工事においては監理技術者となれないため，元請工事においては一定規模以上の工事に従事できない）．

技術検定

● 技術検定の種類

技術検定は，下記の6種類の施工管理技士について，各機関がほぼ毎年1回，1級と2級に区分して実施している．

種類	機関名
土木施工管理技士	（一般財団法人）全国建設研修センター
造園施工管理技士	（一般財団法人）全国建設研修センター
建築施工管理技士	（一般財団法人）建設業振興基金
管工事施工管理技士	（一般財団法人）全国建設研修センター
電気工事施工管理技士	（一般財団法人）建設業振興基金
建設機械施工技士	（一般社団法人）日本建設機械施工協会

● 監理技術者

各施工管理技士が監理技術者として業務を行える職種は下記のとおりとなる．

① **1級土木施工管理技士**：土木，とび土工，石工事，鋼構造物，舗装工事，しゅんせつ，塗装工事，水道施設工事
② **1級造園施工管理技士**：造園工事
③ **1級建築施工管理技士**：建築，大工，左官，とび土工，石工事，屋根工事，タイルレンガブロック工事，鋼構造物，鉄筋工事，板金工事，ガラス工事，塗装工事，防水工事，内装仕上工事，熱絶縁工事，建具工事
④ **1級管工事施工管理技士**：管工事
⑤ **1級電気工事施工管理技士**：電気工事
⑥ **1級建設機械施工技士**：土木，とび土工，塗装工事
⑦ **一級建築士**：建築，大工，屋根工事，タイルレンガブロック工事，鋼構造物

ワンポイントチェック！　監理技術者

あくまでも，2級施工管理技士では監理技術者にはなれません．
監理技術者の職務は，施工計画の作成，工程管理，品質管理その他の技術上の管理および工事の施工に従事する者の指導監督です（p.6 参照）．

■第1章 施工管理の概要

土木豆辞典

■ あれっ？似ているな〜
（動物などの形から名がついた土木で使われる機械や道具）

名　称	説　　　明
朝顔（あさがお）	①構造物を施工する際に，材料などの落下を防止するために，足場から斜め上側に突き出すように作るひさし状のもの。②コンクリート打設時に使用する鉄製のホッパー
牛	河川工事の根固め水制に使用する，丸太などで牛の形に枠組みをしたもの。形状により聖牛，菱牛などと呼ぶ。
ウマ	長ものなどを簡単に持ち運びができるように組み立てられた台をいい，馬の形に似ていることから名が付いた。
キリン	ジャッキの一種で，らせん装置状になった，重量物を持ち上げるためのもの。らせんが伸び首が長くなることから名付けられた。
セミ	チェーンブロックやクレーンに利用される滑車のことで，ワイヤロープをかけて回転させる。大小の滑車の回転数を組み合わせることにより，小さい力で重いものを持ち上げる（回すとジージーと蝉の声に似ている）。
タコ	太い丸太を胴切りにして，取っ手を付けたもので，人力により土を突き固める器具（逆さにすると蛸に似ている）。
トンボ	土工における，切取り高，盛土高，掘削高等を表示するために，現場に立てるT字形の目印（運動場を整地する道具もトンボという。いずれもトンボの形から来た言葉）。
ネコ（車）	土砂，骨材，コンクリートを小運搬するための二輪車または一輪車（説①：伏せると猫が丸まっているように見える。説②：押している人の背中が猫背になる。説③：コンクリート打設に使うねこ足場で使う。説④：昔，子供たちが猫の後足を持って前足で歩かせる遊びをやっていた。等々諸説があるがどれが正しいかはわからない）。

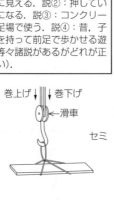
セミ

第2章

施工の準備

発注までの準備をしっかりと

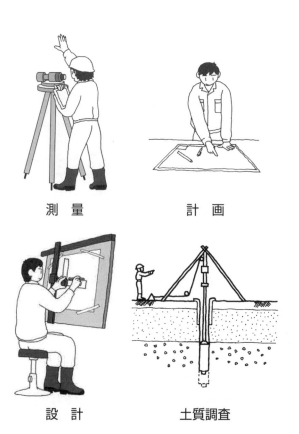

測量　　　計画

設計　　　土質調査

2-1 測量

■ 地形と位置を測る

　土木工事は，基盤となる土地の上に構造物を築造するものであり，その土地の形，高さを正確に測るとともに，トンネルや道路，鉄道，橋などの構造物では始点と終点の位置を測量により正確に把握する必要がある．

▌基準点

● 公共座標

① **平面直角座標系**：全国を 19 の座標系に分けて，公共座標として原点をそれぞれ（X = 0, Y = 0）と定める．原点の経緯度は国土交通省の告示により定められている．

② **三角点**：全国共通の座標で表す網目状（三角網）の頂点で，山頂や見通しの良い場所に標石などを埋設して定められ，精度および間隔により下記のような等級に区分される．

等　級	間　隔	全国設置数
一等三角点	約 45 km	約 972 箇所
二等三角点	約 8 km	約 5 000 箇所
三等三角点	約 4 km	約 32 000 箇所
四等三角点	約 2 km	約 64 000 箇所

▲　一等三角点

● 水準点

　位置の基準点である三角点とは別に，標高の基準として水準点が設置されている．水準点は，東京の国会議事堂前庭にある日本水準原点の高さ 24.414 m を基準に，主要な国道に約 2 km ごとに一等水準点を設置し，精度により二等水準点，三等水準点と順次設置され，全国で約 2 万点ある．

● 基準面

　標高の基準面としては，全国的な水準を示す東京湾平均海面を基準とした TP 標高がある．また，東京都などで用いられている隅田川口（荒川）霊岸島量水標の 0 m を基準とした AP 標高や，江戸川口の堀江量水標の 0 m を基準とした YP 標高などがある．

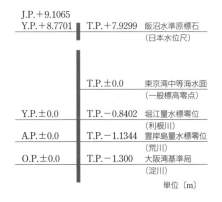

▲ 基準水位

測量の種類

● 測量機器

以前は手作業による測量が主であったが，近年，光波，人工衛星，パソコンなどを利用した測量機器が開発され，測量精度が飛躍的に向上した．主な測量機器を下記に示す．

① **トータルステーション（TS）**：光波測距儀の測距機能とセオドライトの測角機能の両方を一体化したもので，トータルステーション，データコレクタ，パソコンを利用するもので，基準点測量，路線測量，河川測量，用地測量などに用いられる．

② **セオドライト**：水平角と鉛直角を正確に測定する回転望遠鏡付き測角器械で，トランシットを含めた総称である．

③ **光波測距儀**：測距儀から測点に設置した反射プリズムに向けて発振した光波を反射プリズムで反射し，その光波を測距儀が感知し，発振した回数から距離を得る．1～2kmまでが測定可能である．

④ **GNSS測量（旧GPS測量）**：衛星測位システムのことで，複数の航法衛星（人工衛星の一種）が航法信号を地上の不特定多数に向けて電波送信し，それを受信することにより，自己の位置や進路を知る仕組み・方法である．地上で測位を可能とするためには，可視衛星（空中の見通せる範囲内の航法衛星）を4機以上必要とする．

⑤ **電子レベル**：観測者が標尺の目盛りを読定するかわりに，標尺のバーコードを自動的に読み取り，パターンを解読して，設定値が表示される．同時に標尺までの距離も表示される．

⑥ **自動レベル**：レベル本体内部に備え付けられた自動補正機構により，レベル

第2章 施工の準備

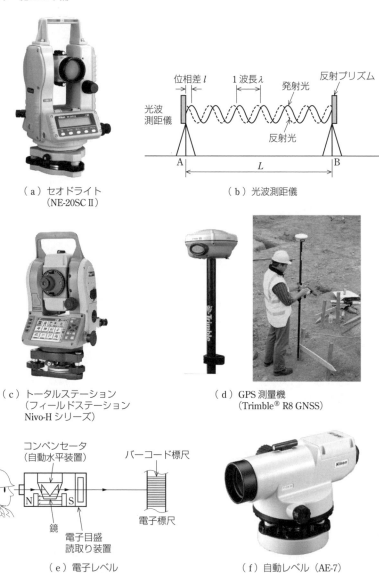

▲ 測量機器（写真提供：株式会社ニコン・トリンブル）

本体が傾いても補正範囲内であれば，視準の十字線が自動的に水平になる．

● 測量法による分類

測量法とは，測量を正確かつ円滑に行うことを目的として昭和24年に施行された法律であり，基本測量および公共測量の定義，測量標の設置および保守，測

量業務に携わる測量士や測量士補などの国家資格，成果物の取扱い，測量業者の登録，罰則など，測量全般の取決めを行っている．

① **基本測量**：国土地理院が行う測量で，全ての測量の基礎となる．これにより，三角点，水準点が設置され，1/50 000 地形図などが作成される．
② **公共測量**：基本測量以外の測量で，国または地方公共団体が費用を負担して実施する．
③ **上記以外の測量**：基本測量，公共測量の成果を利用して行う上記以外の測量．
④ **その他の測量**：基本測量，公共測量および上記以外の測量のいずれにも該当しない測量で，測量法の適用を受けない．

● 目的別による分類

① **基準点測量**：三角測量，トラバース測量により，求める地点の座標値を算定する．
② **工事測量**：実施設計図に基づき，構造物の位置，高さなどを決定するための測量．
③ **用地測量**：土地の面積，境界などを確定し，地籍図を作成する．
④ **地形測量**：土地の形状を測定し，地形図を作成する．
⑤ **路線測量**：道路，水路，鉄道工事等の線状構造物の施工に必要な測量で，中心線測量，縦横断測量，幅杭設置測量などを行う．
⑥ **河川測量**：河川の計画，維持管理の資料を作成するために，水位測量，深浅測量を行う．

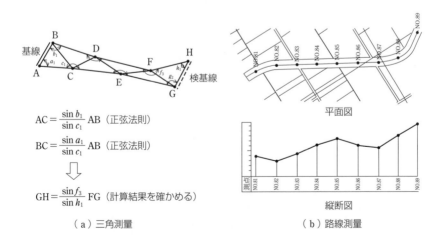

▲　測量の種類

● 方法別による分類

① **三角測量**：測量区域において適当な三角網を設定し，三角形の1辺と両端の内角あるいは三角網の全辺を測定し，三角形の性質（正弦定理）を利用して，測点位置を定める．

② **多角測量（トラバース測量）**：見通しのきかない2点間の距離や，多角形の中の面積を求める時に，測点を折れ線上に設定し，隣接点間の交角と距離を測定して位置を定める．

③ **水準測量**：2地点以上の高低差，標高を求め，地表面の断面形状を求める．

④ **平板測量**：地形図を作成するために昔から行われてきた基本の測量であり，平板とアリダードを使用して行う．

⑤ **写真測量（航空測量）**：空中写真，地上写真を使用して地形の状態を測定し図化するもので，広い区域の測量に適する．

⑥ **GPS測量**：人工衛星の電波を受信し緯度，経度を測定することにより，相対的な位置関係を知ることができる汎地球測位システム（GPS）を利用する，新しい測量方法である．

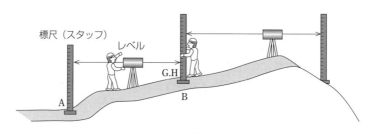

▲ 水準測量

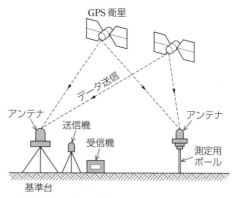

▲ GPS測量

⑦ トータルステーションによる測量：トータルステーション，データコレクタ，パソコンを利用するもので，基準点測量，路線測量，河川測量，用地測量などに用いられる．

水準測量

地表面の高低差を求める測量で，一般的には直接レベルを用いて高低差を求める直接水準測量のことをいう．

● 基本的事項

レベルを用いて水準測量を行う際の基本的な留意事項を示す．

① 視準距離とは，レベルと標尺間の距離のことで，水準測量の種類ごとに最大距離が規定されている．

種　類	視準距離	種　類	視準距離
1 級水準測量	50 m	3・4 級水準測量	70 m
2 級水準測量	60 m	簡易水準測量	80 m

② 標尺の読み取り位置について，標尺の下端はかげろうが発生し，上端はゆれの影響によって誤差が生じやすくなる．なるべく中間部分を視準するようにレベルの高さを調整して据え付ける．

③ 直射日光によるレベルの膨張などによる器械への影響を防ぐために，日傘などにより直射日光を避けるようにする．

● レベルの器械的誤差の消去

レベルによる水準測量において生ずる誤差の種類と消去方法について示す．

① 視準軸誤差とは，標尺間の視準間距離の差により発生するもので，視準間距離を等しくすることにより消去される．

② 球差および気差とは，地球の丸味や大気の影響によるもので，標尺間の視準間距離を等しくすることにより消去される．

③ 零点目盛誤差とは，標尺の下端が正しく零になっていないために発生する誤差で，観測を偶数回にすることにより消去される．

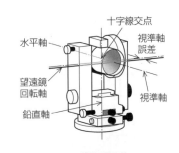

▲ 視準軸誤差

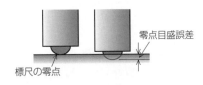

▲ 零点目盛誤差

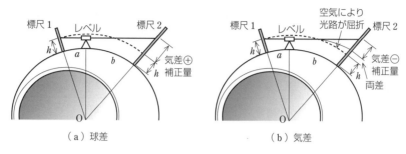

▲ 球差と気差

●水準測量の用語

名　称	記　号	説　明
後視	B.S.	標高のわかっている点に立てた箱尺を視準すること
前視	F.S.	標高を求めようとする点に立てた箱尺を視準すること
器械高	I.H.	測量器械（レベル）の視準線の標高
地盤高	G.H.	地面の標高
移器点	T.P.	器械を据えかえるために，前視と後視をともに読む点
中間点	I.P.	前視だけで読む点
既知点	B.M.	測量始点となる，標高がわかっている点

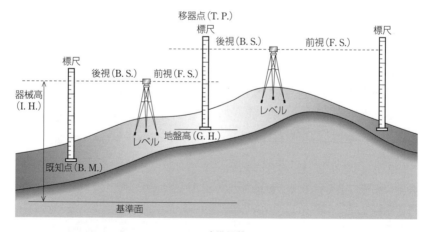

▲ 水準誤差

●標高計算の計算例

　BMを既知点としてNO1の地盤高を求める．標高差は，後視の合計と前視の合計の差により求める．

測点	後視 [m]	前視 [m]	高低差		地盤高 [m]	備考
			昇 (+)	降 (−)		
BM	1.802				5.600	高低差 =(後視)−(前視)
TP1	1.988	1.303	0.499		6.099	
TP2	1.326	1.078	0.910		7.009	
NO1		1.435		0.109	6.900※	
合　計	5.116	3.816	1.409	0.109		

※　NO1（地盤高）= 5.600 +（5.116 − 3.816）= 6.900 m

工事測量

● 仮杭設置

① **仮水準基標（仮BM）**：工事中においても常に高さのチェックができるように，工事に先立ち公共の水準点から引照してきた基標を設置する．仮BMは堅固な建造物の基礎，自然石などの移動しないものに設置し，標高を定めておく．

② **控え杭**：施工に先立ち，中心杭の点検を実施し，控え杭を設置しておく．控え杭は，中心杭，用地杭等が消失した場合に復元するために設けるもので，工事により地形が変わった場合でも，元の杭の位置の復元が容易な場所を選定する．

● 丁張り

設計図に示された構造物などの高さや形を築造するための基準となる定規のことで，くいや板・なわで表示するものである．

丁張りは土工などの基準になるもので，正確に設置し，工事中においても建設機械などで飛ばされないように保存に注意しなければならない．

① **高低を表す丁張り**：トンボともいい，一般にT型，逆L型が使われる．横木の上端（下端）からの数値を示すことにより施工の目安とする．

② **法面および勾配を表す丁張り**：板を法面勾配に合わせて斜めに設置する．原地盤の沈下や盛土の圧密沈下などが予想される場合は，ある程度の沈下を見込んで丁張りをかける場合がある．

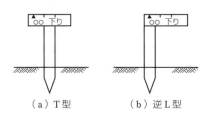

▲　高低を表す丁張り

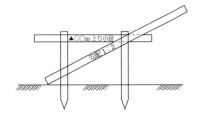

▲　法面および勾配を表す丁張り

法面勾配の表記

① **比で表す**：高さを1としたときの水平長さとの比で表す．比による法面勾配の表記は，切盛土の法面勾配などに用いられる．

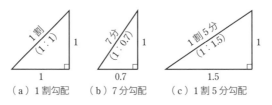

▲ 比による勾配の表記

② **百分率で表す**：水平長さ100に対する高さの百分率で表す．百分率による法面勾配の表記は，道路勾配などに用いられる．

③ **角度で表す**：底辺と斜辺との挟角を〔°〕で表す．角度による法面勾配の表記は，階段勾配などに用いられる．

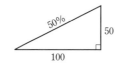

▲ 百分率による勾配の表記 　　▲ 角度による勾配の表記

主要な地図の記号

一般の地図における記号は，国土地理院により定められている．

市役所	官公署	病院	消防署	警察署	交番	小中学校
◎	⊙	⊕	Y	⊗	X	文
高等学校	発電所	工場	図書館	神社	寺院	郵便局
⊗	☼	☼	▯	〒	卍	〒
田	畑	果樹園	茶畑	広葉樹林	針葉樹林	荒地
‖	∨	○	∴	Q	∧	‖‖

2-2 土質調査

■ 地盤の状況を把握する

原位置試験（現場で土を調べる）

土がもともとある自然の状態での性質を調べ，設計や施工に利用する．

▼主な原位置試験の目的と利用・判定事項

試験の名称	求められるもの	利用・判定事項
標準貫入試験	N 値	土の硬軟，締まり具合の判定 基礎工の検討
単位体積質量試験	湿潤密度 ρ_t，乾燥密度 ρ_d	締固めの施工管理
スウェーデン式サウンディング	W_{sw} および N_{sw}	土の硬軟，締まり具合の判定
オランダ式二重管コーン貫入試験	コーン指数 q_c	土の硬軟，締まり具合の判定
ポータブルコーン貫入試験	コーン指数 q_c	トラフィカビリティの判定
平板載荷試験	地盤反力係数 K	締固めの施工管理
現場透水試験	透水係数 κ	透水関係の設計計算． 地盤改良工法の設計
弾性波探査	地盤の弾性波速度 V	地層の種類，性質，成層状況の推定，トンネル・ダムの検討
電気探査	地盤の比抵抗値	地層・地質，構造の推定

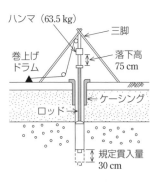

▲ 標準貫入試験

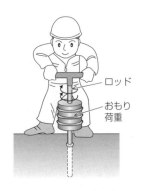

▲ スウェーデン式サウンディング

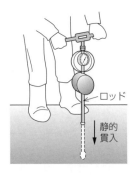

▲ ポータブルコーン貫入試験

■第2章 施工の準備

●代表的な標準貫入試験

　最も一般的に利用される方法であり，重さ 63.5 kg のハンマーにより，30 cm 打ち込むのに要する打撃回数（N 値）を測定し，地層の固さを判定し，その結果を柱状図に表すことにより土質状況の把握が容易に行える試験である．

① **柱状図から判定**：土質構成，支持層の位置と厚さ，軟弱地盤の有無，地下水位
② **N 値から推定**：（砂地盤）相対密度，せん断抵抗角，許容支持力
　　　　　　　　　　（粘土地盤）コンシステンシー，粘着力，許容支持力

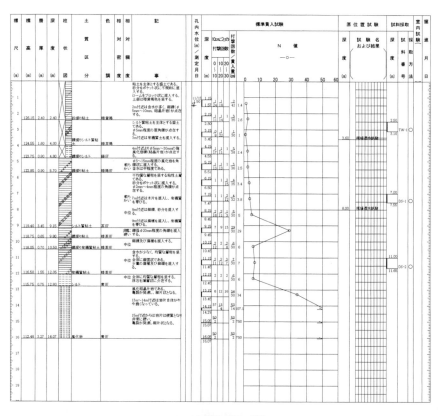

▲　土質柱状図（例）

室内土質試験（室内で土を調べる）

① **物理的試験**：土の判別分類のために物理的性質を求める．
② **力学的試験**：土工の設計に必要な土の定数を求める．

▼主な土質試験の目的と利用・判定事項

	試験の名称	求められるもの	利用・判定事項
土の物理的性質	土粒子の比重試験	土粒子の比重 G_s，間げき比 e，飽和度 S_r	粒度，間げき比，飽和度，空気間げき率の計算
	土の含水量試験	含水比 w，湿潤密度 ρ_t，乾燥密度 ρ_d	土の締固め度の算定
	粒度試験	粒径加積曲線，有効径 D_{10}，均等係数 U_c	土の分類，材料としての土の判定
	液性限界・塑性限界試験	液性限界 w_L，塑性限界 w_P，塑性指数 I_P	細粒土の分類，細粒土の安定性の判定
	相対密度試験	最大間げき比 e_{max}，相対密度 D_r	粗粒土の安定性の判定
土の力学的性質	締固め試験	含水比-乾燥密度曲線，最大乾燥密度 $\rho_{d max}$，最適含水比 w_{opt}	盛土の施工方法・施工管理
	直接せん断試験	せん断抵抗角 ϕ，粘着力 c	基礎，斜面，擁壁などの安定計算
	三軸圧縮試験	せん断抵抗角 ϕ，粘着力 c	細粒土地盤の安定計算，細粒土の構造判定
	一軸圧縮試験	一軸圧縮強さ q_u，粘着力 c，鋭敏比 S_t	細粒土地盤の安定計算，細粒土の構造判定
	圧密試験	e-logp 曲線，圧縮係数 a_v，圧縮指数 C_c，透水係数 κ	粘土層の沈下量の計算

（a）液性限界試験

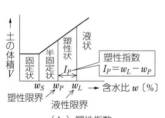

（b）塑性指数

（c）三軸圧縮試験

▲ 室内土質試験

土を分類する

土の分類方法として，国際的に共通の**統一土質分類法**と，日本の土に合わせた**日本統一土質分類**がある．

▼「統一土質分類法」による分類

主要区分		記号	代表的名称	主要区分	記号	利用・判定事項
粗粒土	礫	GW	粒系分布のよい礫	細粒土 シルト 粘土 $LL^* \leq 50$	ML	無機質シルト
		GP	粒系分布の悪い礫		CL	礫質粘土，砂質粘土
		GM	シルト質礫		OL	有機質シルト
		GC	粘土質礫	シルト 粘土 $LL > 50$	MH	無機質シルト
	砂	SW	粒系分布のよい砂		CH	粘性の高い粘土
		SP	粒系分布の悪い砂		OH	塑性の高い有機質粘土
		SM	シルト質砂	高有機質土	PT	泥炭，黒泥
		SC	粘土質砂	*LL＝液性限界		

▼物理試験結果を用いる日本統一土質分類と，道路土工における簡易分類

名称		簡易分類	日本統一土質分類
岩または石	硬岩	きれつがまったくないか，少ないもの	
	中硬岩	風化のあまり進んでないもの	
	軟岩	リッパ掘削ができるもの	
	転石群	大小の転石が密集，掘削が困難なもの	
	岩塊・玉石	岩塊・玉石が混入，掘削がしにくい	
土	礫混り土	礫の多い砂，礫の多い砂質土 礫の多い粘性土	礫[G]，礫質土[GF]
	砂	海岸・砂丘の砂，マサ土	砂[S]
	普通土	砂質土，マサ土，粒度分布の良好な砂 条件の良いローム	砂[S]，砂質土[SF]
	粘性土	ローム	シルト[M]，粘性土[C]
	高含水比粘性土	条件の悪いローム，条件の悪い粘性土 火山灰質粘性土	粘性土[C]，火山質粘性土[V]，有機質土[O]
	有機質土	ピート，黒泥	高有機質土[P_t]

2-3 設 計

■ 目的物を図面に表す

設計の意義・目的

● 設計とは
① **設計の定義**：発注者側の意図する目的物を，安全性，耐久性および品質面を満足し，かつ経済的に造り上げるために図面，仕様書等の設計図書に表わすことである．
② **重要性**：土木構造物は主として公共構造物が多く，また，数十年の長期にわたり利用されるものが多い．その設計図書によって，受注者である施工業者が忠実に造り上げることから，一つの設計ミスが取り返しのつかない大事故につながる恐れもある．
③ **建設コンサルタントの役割**：土木の設計は，専門知識を必要とすることから，計画，調査を含め建設コンサルタントに委託されるケースがほとんどである．そのため，コンサルタント技術者の果たす役割とその責任は非常に重いものとなりつつある．

設計の種類

一般に設計とは，土木工事発注の際の設計図書を作成するための，実施設計を表す事が多いが，それ以外にも各プロセス，内容により異なる種類の設計がある．

● 事業プロセスにおける設計の種類
事業の流れの中で，それぞれの設計の果たす役割が異なる．
① **概略設計**：フィージビリティスタディ（事業可能性調査）における技術的可能性検討のための設計を実績，事例を参考に行う（既存の地形図などを使用し検討する）．
② **予備設計**：位置，規模，工法などについて比較検討を行い，基本方針を決定する（主要部分の地形測量，水準測量を行う）．
③ **基本設計**：基本方針に基づき，主要工事，構造物などについて構造・安定計算を行い，設計図，概略工事費を算出する（工事に関係する全ての地域において，地形測量，基準点測量，水準測量を行う）．
④ **詳細（実施）設計**：全ての工事，構造物などについて構造・安定計算を行い，設計図，設計図書を作成し，積算および工事発注が可能な状態に仕上げる（構造物の座標計算，用地測量を含めて行う）．

設計図

● 設計図における形状表示記号

設計図で表示する記号は JIS において定められることが多い．

▼材料の断面形状および寸法表示

種類	断面形状	表示方法	種類	断面形状	表示方法
鉄筋（普通丸鋼）		普通$\phi A-L$	鉄筋（異形棒鋼）		$DA-L$
等辺山形鋼		$\llcorner A \times B \times t-L$	不等辺山形鋼		$\llcorner A \times B \times t-L$
平鋼		$\square B \times A-L$ (PL)	鋼板		$PL\ B \times A-L$
溝形鋼		$[\ H \times B \times t_1 \times t_2-L$	H形鋼		$H\ H \times B \times t_1 \times t_2-L$
鋼管		$\phi A \times t-L$	角鋼		$\square B \times H \times t-L$

▼材料形状表示記号

	コンクリート	木材	石材	鋼	玉石，割栗石
記号					

▼地形の記号

	地盤面	岩盤面	水面
記号			

2-3 設　計

▼切土，盛土の記号

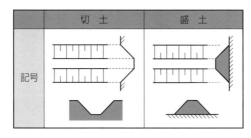

▼溶接記号

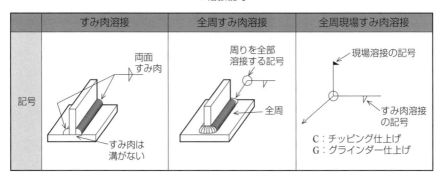

● 土木設計図の読み方
土木製図において留意すべき主な点を示す．
① 道路図面においては，起点から終点に向かい測点をつけ，起点から終点に向かって右側，左側となる．

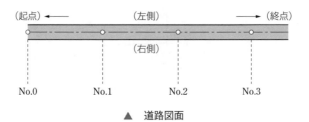

▲　道路図面

② 河川・水路図面においては，下流が起点となり，上流に向かい測点をつけ，上流から下流に向かって右側（右岸），左側（左岸）となる．

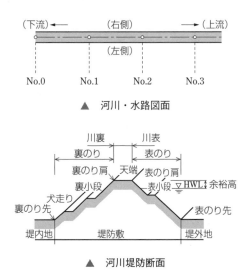

▲ 河川・水路図面

▲ 河川堤防断面

③ 鉄筋図面においては，引張り応力に対抗するための鉄筋を主筋といい，その他に配力筋，温度鉄筋，用心鉄筋を配置する．

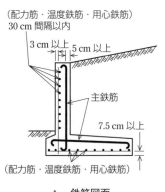

▲ 鉄筋図面

2-4 積算

■ 工事費を積み上げる

工事費の構成

請負工事費の構成は下記のようになっている．

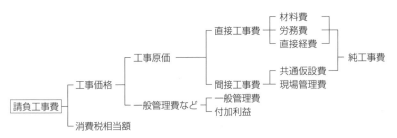

（a）請負工事費の構成

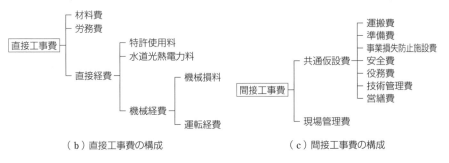

（b）直接工事費の構成　　　　（c）間接工事費の構成

▲ 工事費の構成

- **工事原価**：工事現場において使用される材料，労務，機械，仮設物など工事管理に必要な全ての費用をいう．
- **直接工事費**：工事目的物をつくるために直接必要な費用で，材料費，労務費，水道光熱費，機械経費が含まれる．
- **間接工事費**：個々の工事目的物に必要な費用でなく，工事全体を通じて共通的に必要な費用で，下表の共通仮設費，現場管理費に分類される．

▼共通仮設費

準備費	・準備および後片付けに要する費用 ・調査，測量，丁張などに要する費用 ・準備作業に伴う，伐開，除根，除草による現場内の集積，積込みおよび整地，段切り，すりつけ等に要する費用 ・その他施工上必要な準備作業に要する費用
営繕費	・現場事務所，試験室などの営繕（設置，撤去など）に要する費用 ・労働者宿舎，倉庫，火薬庫，材料保管場所の営繕に要する費用 ・労働者の輸送に要する費用 ・上記の要する土地，建物の借上げに関する費用
運搬費	・建設機械，器具の運搬費に要する費用 ・その他施工上必要な建設機械器具の運搬などに要する費用 ・建設機械などの運搬基地に要する費用
技術監理費	・品質管理のための試験などに要する費用 ・出来型管理のための測量などに要する費用 ・工程管理のための資料の作成に要する費用 ・その他，技術管理上必要な資料の作成に要する費用
役務費	・土地の借上げなどに要する費用 ・電力，水道などの基本料金 ・電力設備用工事費負担金
安全費	・交通管理に要する費用 ・安全施設などに要する費用 ・その他工事施工上必要な安全対策などに要する費用
事業損失防止費	・工事施工に伴って発生する騒音，振動，地盤沈下，地下水の断絶などに起因する事業損失を未然に防止するための仮施設の設置費，および当該仮施設などの維持管理などに要する費用 ・事業損失を未然に防止するために必要な調査などに要する費用

▼現場管理費

労務管理費	・現場労働者の募集および解散に要する費用 ・慰安，娯楽および厚生に関する費用 ・賃金以外の食費，通勤などに要する費用 ・直接工事費および共通仮設費に含まれない作業用具などの費用
保険料	・自動車保険（損料に計上された保険料は除く），工事保険，法定外の労災保険，火災保険，ならびにその他損害保険料
補償費	・工事施工に伴って通常発生する物件などの毀損の補償費および騒音，振動，濁水，交通騒音などによる事業損失にかかる補償費
従業員給料手当	・現場従業員の給与，諸手当（危険手当，通勤手当など），賞与など
退職金	・現場従業員にかかる退職金および退職給与引当金繰入額
法定福利費	・現場従業員および現場労働者に関する労災保険料，雇用保険料，健康保険料および厚生年金保険料の法定事業主負担額ならびに建設業退職金共済制度に基づく事業主負担額
事務用品費	・事務用消耗品費，新聞，参考図書などの購入費
通信交通費	・通信費，交通費および旅費

交際費	・現場への来客などの対応に要する費用
租税公課	・固定資産税，自動車税，軽自動車税などの租税公課（損料に計上された保険料は除く）
安全訓練等に要する費用	・現場労働者の安全，衛生に要する費用および研修訓練などに要する費用
外注費	・工事施工を専門工事業者に外注する場合に必要となる経費
工事登録等に要する費用	・工事実績などの登録に要する費用
雑費	・上記の項目に適さない，現場において掛かる費用

● 一般管理費

　直接工事に関係がなく，企業の本店や支店などにおける活動の費用で，受注工事代金に織り込まれる経費．

役員報酬	・取締役に対する報酬
従業員給与等	・従業員に対する給与，諸手当および賞与
退職金	・管理費の退職金の対象とならない役員および従業員に対する退職金
法定福利金	・従業員に関する労災保険料，雇用保険料，健康保険料および厚生年金保険料の事業主負担額
福利厚生費	・従業員にかかる医療，慶弔見舞金，福利厚生などおよび文化活動などに要する費用
維持管理費	・建物，機械，装置などの修繕維持費および管理費
事務用品費	・事務用消耗品費，新聞，参考図書などの購入費
通信交通費	・通信費，交通費および旅費
動力，用水光熱費	・電力，水道，ガスなどの費用
調査研究費	・技術研究，開発などに要する費用
広告宣伝費	・広告，宣伝活動に要する費用
交際費	・来客などの対応に要する費用
地代家賃	・事務所，寮，社宅などの借地借家料
減価償却費	・建物，車両，機械装置，事務用備品などの減価償却額
租税公課	・不動産取得税，固定資産税などの租税公課
保険料	・火災保険その他の損害保険料
契約保証費	・契約の保証に必要な費用
雑費	・電算などの経費，社内打合せなどの費用，学会および協会活動，諸団体会費などの費用

2-5 契約

■ 発注者と受注者が請負契約を履行する

公共工事の入札及び契約の適正化の促進に関する法律

この法律は，国，地方公共団体，特殊法人が行う公共工事の入札および契約において適用されるもので，適正化の基本となるべき下記の事項について定められている．

◦第3条：基本事項
① 入札及び契約に関して透明性が確保されなければならない．
② 公正な競争が促進されなければならない．
③ 談合その他の不正行為が排除されなければならない．
④ 公共工事の適正な施工が確保されなければならない．

◦第4条～7条：情報の公表
① 毎年度，国，地方公共団体，特殊法人等は，公共工事の発注見通しに関する事項を公表しなければならない．
② 国，地方公共団体，特殊法人等は，入札及び契約の過程，内容に関する事項を公表しなければならない．

◦第10条，11条：違法行為の事実の通知
① 入札談合等の事実がある時には公正取引委員会へ通知しなければならない．
② 建設業法違反の事実がある時には国土交通大臣又は都道府県知事へ通知しなければならない．

◦第12条：一括下請負の禁止
公共工事については法22条3項の規定（発注者の承諾を得た場合の例外規定）は，適用しない．

◦第13条，14条：施行体制台帳の提出
① 作成した施行体制台帳の写しを発注者に提出しなければならない．
② 工事現場での施工体制との合致の点検及び措置を講じなければならない．

◦第15条～18条：適正化指針
国は適正化指針を定めるとともに必要な措置を講じなければならない．

◦第19条：情報の収集，整理及び提供等
① 国は情報の収集，整理及び提供に努めなければならない．
② 関係職員及び建設業者に対し知識の普及に努めなければならない．

▲ 情報の公表

公共工事標準請負契約約款

発注者と請負者は対等な立場で，契約書に基づき，契約を履行する．

- **第4条：契約の保証**
契約保証金の納付あるいは保証金に代わる担保の提供
- **第6条：一括下請負の禁止**
第三者への一括委任又は一括下請負の禁止
- **第8条：特許権等の使用**
特許権，実用新案権，意匠権，商標権等の使用に関する責任
- **第9条：監督職員**
発注者から請負者へ監督職員の通知及び監督職の権限員
- **第10条：現場代理人及び主任技術者**
現場代理人，主任技術者等は兼ねることができる
- **第11条：履行報告**
請負者から発注者へ契約の履行についての報告
- **第13条：工事材料の品質及び検査等**
品質が明示されない材料は中等の品質のものとする
- **第17条：設計図書不適合の場合の改造義務及び破壊検査等**
工事が設計図書と不適合の場合の改造義務及び発注者側の責任の場合の発注者側の費用負担の義務
- **第18条：条件変更等**
図面・仕様書・現場説明書の不一致，設計図書の不備・不明確，施工条件と現場との不一致の場合の確認請求

- **第19条：設計図書の変更**
  設計図書の変更の際の工期あるいは請負金額の変更及び補償
- **第27条：一般的損害**
  引渡し前の損害は，発注者側の責任を除き請負者の負担
- **第28条：第三者に及ぼした損害**
  施工中における第三者に対する損害は，発注者側の責任を除いて請負者の負担とする．
- **第29条：不可抗力による損害**
  請負者は，引渡し前に天災等による不可抗力による生じた損害は，発注者に通知し，費用の負担を請求できる．
- **第31条：検査及び引渡し**
  発注者は，工事完了通知後14日以内に完了検査を行う．
- **第44条：かし担保**
  発注者は請負者に，かしの修補及び損害賠償の請求ができる．
- **約款に定める主な設計図書**

① 契約書

工事名，工事場所，工期，請負代金額，契約保証金等の主な契約内容を示し，発注者，請負者の契約上の権利，義務を明確に定め，発注者，請負者の記名押印をする．

② 仕様書
- 共通仕様書：工事全般について出来形および品質を満たす工事目的物を完成させるために，発注機関が定めた仕様書である．
- 特別仕様書：工事ごとの特殊な条件により，共通仕様書では示すことのできない項目について具体的に規定する仕様書で，特別仕様書を優先する．

③ 設計図

工事に必要な一般平面図，縦横断図，構造図，配筋図，施工計画図，仮設図等により示す．

④ 現場説明書

入札参加者に示す，工事範囲，工事期間，工事内容，施工計画，提出書類，質疑応答について書面に表したもの．

【参考】

工 事 請 負 契 約 書

　　　　　　　　　　　　　　　　　　　　　　　　　　　　　　　印紙

発注者............................と請負者..................とは
（工事名）...................工事の施工について，つぎの条項と添付の工事請負契約約款，
設計図....枚，仕様書....冊とにもとづいて，工事請負契約を結ぶ．
1. 工事場所...............................
2. 工　期
　　着手　　平成......年......月......日
　　契約の日から........日以内
　　完成　　平成......年......月......日
　　着手の日から日........以内
3. 引渡の時期　　　完成の日から........日以内
4. 請 負 代 金 額　　金....................
　　うち　工事価格　　　....................
　　取引に係る消費税及び地方消費税の額
　　　　　　　　　　....................
　　（注）請負代金額は，工事価格に，取引に係る消費税及び地方消費税の額を加えた額．
5. 請負代金の支払　　前払　契約成立時に
　　..................................
　　部分払....................................
　　支払請求締切日............
　　完成引渡の時に..................
6. （1）　部分使用の有無
　　（2）　部分引渡の有無
7. そ　の　他
この契約の証として本書2通を作り，当事者および保証人が記名押印して，当事者がそれぞれ1通を保有する．
　　平成　　年　　月　　日
　　　発 注 者....................
　　　同　保証人....................
　　　請 負 者....................
　　　同　保証人....................
監理者としての責任を負うためここに記名押印する．
　　　　監 理 者..................

▲　工事請負契約書

第2章 施工の準備

土木豆辞典

■ 土木用語（1）

名　称	説　明
跡坪 （あとつぼ）	いわゆる地山土量の昔の言い方．昔は土量を立方米の表示でなく立方坪で表した名残．
ウエス	掃除や油ものを扱う際に使用するぼろ布．
打って返し	型枠などのように，一度使ったものを，二度・三度と繰り返して使うこと．
拝み	屋根などの下り勾配の角度をいう．
拝む	擁壁等の構造物が土圧や沈下で前かがみに傾くこと．
くわいれ	工事の開始に先立ち行う安全祈願のための地鎮祭で，盛砂に鍬入れを行うことから付いた．
さしがね	直角に曲がっている物差し（「かね」とは直角のことをいう）．
丈量	昔の測量用語で，土地を測量して面積を出すこと．今でも求積図を丈量図ともいう．
墨かけ	木材の加工の際に，中心線，切り口などを墨つぼの墨糸で書きつけること．
墨だし	構造物の位置や寸法を墨・ペンキなどで記すこと．
墨つぼ	木材に墨かけ，墨だしをするための道具．
丁張 （ちょうはり）	土工事の際の基準面やのり勾配を，木杭や板・なわで表すもの（「丁張をかける」という）．
逃げ	測量杭がなくなっても復元できる引照点．あるいは材料の寸法の余裕．
拾う	設計図面から材料を算出すること（数量計算のことを拾い出しという）．
ぶら	糸の先に円錐状の鉄のかたまりが付いた下げ振りのことで，垂直を確認するための小道具．

（a）拝み

（b）差し金

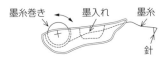

（c）墨つぼ

（d）丁張

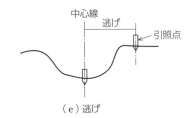

（e）逃げ

第 3 章

土木一般

土台と骨組みをしっかりと

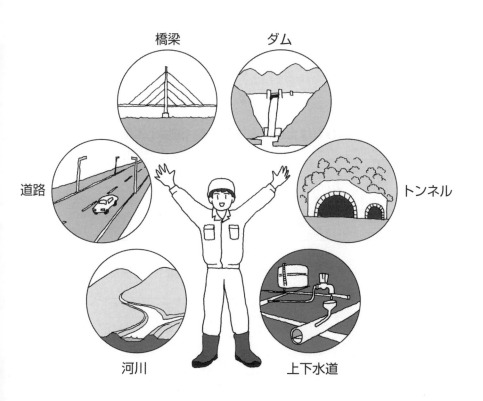

3-1 土工

■ 地盤の土を動かす

土量変化係数

● 土はその状態により体積が変化し、土量計算に大きく影響する
① 地山の土量（地山にある、そのままの状態）──── 掘削土量
② ほぐした土量（掘削され、ほぐされた状態）──── 運搬土量
③ 締め固めた土量（盛土され、締固められた状態）── 盛土土量

$$L = \frac{ほぐした土量〔m^3〕}{地山の土量〔m^3〕} \qquad C = \frac{締固めた土量〔m^3〕}{地山の土量〔m^3〕}$$

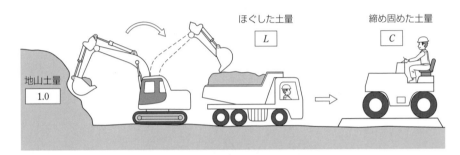

▲ 土量の変化率

● 土量変化率 L および C は土質により異なる（道路土工施工指針）

土質	L	C	土質	L	C	土質	L	C
軟岩	1.30〜1.70	1.00〜1.30	礫質土	1.10〜1.30	0.85〜1.05	砂質土	1.20〜1.30	0.85〜0.95
礫	1.10〜1.20	0.85〜1.05	砂	1.10〜1.20	0.85〜0.95	粘性土	1.20〜1.45	0.85〜0.95

● 土量換算係数の関係は、常に地山を1とした場合の関係を理解しておく

	地山の土量	ほぐした土量	締め固めた土量
地山の土量	1	L	C
ほぐした土量	$1/L$	1	C/L
締固めた土量	$1/C$	L/C	1

土工量計算

例題 土量計算表から残土量を求め，ダンプトラックの運搬台数を計算する．

　下記の土量計算表について，現場内で発生する切土を盛土に流用して盛土工事を行う場合，この土量計算表を利用して，下記の（イ），（ロ），（ハ）について計算を行い，解答を求めよ．

　ただし，この現場における条件は，以下に示すとおりである．

〈条件〉・土量変化率は，$L = 1.20$　$C = 0.80$
　　　　・ダンプトラック積載容積〔V〕= 6.0〔m³〕（ほぐし土量）
　　　　・現場発生土を運搬する場合の土量のロスはないものとする．

（イ）残土量（地山土量）
（ロ）残土を他工区に運搬する場合の運搬土量（ほぐし土量）
（ハ）残土をダンプトラックで運搬する場合に必要な延台数

測点	距離 [m]	切土 断面積 [m²]	切土 平均断面積 [m²]	切土 土量 [m³]	盛土 断面積 [m²]	盛土 平均断面積 [m²]	盛土 土量 [m³]
0	0	0			0		
1	20	0			40		
2	20	0			12		
3	20	50			0		
4	20	60			0		
5	20	0			0		
合計							

解答計算例

（1）土量計算表
【計算方法】

$$平均断面積 = \frac{断面積（前測点）+ 断面積（現測点）}{2}$$

　　土量 = 距離 × 平均断面積

上記計算を繰り返し，全土量を求める．

【計算例】

測点	距離〔m〕	切土 断面積〔m²〕	切土 平均断面積〔m²〕	切土 土量〔m³〕	盛土 断面積〔m²〕	盛土 平均断面積〔m²〕	盛土 土量〔m³〕
0	0	0			0		
1	20	0			40	$(0+40)/2 = 20$	$(20 \times 20) = 400$
2	20	0			12	$(40+12)/2 = 26$	$(26 \times 20) = 520$
3	20	50	$(0+50)/2 = 25$	$(25 \times 20) = 500$	0	$(12+0)/2 = 6$	$(6 \times 20) = 120$
4	20	60	$(50+60)/2 = 55$	$(55 \times 20) = 1\,100$	0		
5	20	0	$(60+0)/2 = 30$	$(30 \times 20) = 600$	0		
合計				2 200			1 040

(イ) 残土量(地山土量) $= 2\,200 - \dfrac{1\,040}{C} = 2\,200 - \dfrac{1\,040}{0.8}$

　　　　　　　　　　$= 2\,200 - 1\,300 = 900$

(ロ) 残土の運搬土量(ほぐし土量) $= 900 \times L = 900 \times 1.2 = 1\,080$

(ハ) 運搬に必要な延べ台数 $= \dfrac{1\,080}{6} = 180$

建設機械作業能力

運転時間当たり作業量の一般式

$$Q = q \cdot n \cdot f \cdot E \quad \text{または} \quad Q = \frac{60 \cdot q \cdot f \cdot E}{Cm}$$

ここで，Q：1時間当たり作業量〔m³/h〕
　　　　q：1作業サイクル当たりの標準作業量
　　　　n：時間当たりの作業サイクル数
　　　　Cm：サイクルタイム〔min〕
　　　　f：土量換算係数(土量変化率 L および C から決まる)
　　　　E：作業効率(現場条件により決まる)

トラクタショベルの作業能力

$$Q = \frac{3\,600 \cdot q_0 \cdot K \cdot f \cdot E}{Cm}$$

ここで，Q：1時間当たり作業量〔m³/h〕　　Cm：サイクルタイム〔sec〕
　　　　q_0：バケット容量〔m³〕　　　　　K：バケット係数

ダンプトラックの作業能力

$$Q = \frac{60 \cdot C \cdot f \cdot E}{Cm}$$

ここで，Q：1時間当たり作業量〔m³/h〕　　Cm：サイクルタイム〔min〕
　　　　C：積載土量〔m³〕

バックホウ作業能力計算例

例題

バックホウで地山 2 100 m³ の床掘りを完了するために必要な最小日数を求めよ．

ただし，人員，機械などは現場に用意されており，準備および後片付けなどの時間は考慮しないものとする．なお，この現場における条件は以下に示すとおりである．

〈条件〉・バックホウの台数：2台
　　　・バケット容量（ほぐし土量）：0.6 m³
　　　・バケット係数：0.9
　　　・バックホウのサイクルタイム：40 秒
　　　・バックホウの作業効率：0.8
　　　・バックホウの1日平均作業時間：7時間
　　　・土量変化率（L）：1.2

解答計算例

バックホウの運転時間当たり作業量は下式で表す．

$$Q = \frac{3\,600 \cdot q_0 \cdot K \cdot f \cdot E}{Cm}$$

ここで，Q：1時間当たり作業量〔m³/h〕
　　　　Cm：サイクルタイム〔sec〕= 40 sec
　　　　q_0：バケット容量（ほぐし土量）= 0.6 m³
　　　　K：バケット係数 = 0.9
　　　　L：土量変化率 = 1.2
　　　　f：土量換算係数 = $1/L$ = 1.0/1.2

E：作業効率 = 0.8

$$Q = \frac{3\,600 \times 0.6 \times 0.9 \times 1.0/1.2 \times 0.8}{40}\,[\text{m}^3/\text{h}] = 32.4\,[\text{m}^3/\text{h}]$$

1日平均作業時間を7時間とした場合，バックホウ2台として

1日当たり作業量 = 32.4 [m³/h] × 7 [h] × 2 = 453.6 [m³/日]

必要最小日数 = $\dfrac{2\,100}{453.6}$ = 4.63 ≒ 5 [日]

● ダンプトラック作業能力計算例

例題

ほぐし土量 1 700 m³ の土を，下記の条件により 8 日間で運搬するために最低限必要なダンプトラックの台数を求めよ．

ただし，人員，機械などは現場に用意されており，準備および跡片付けなどの時間は考慮しないものとする．なお，この現場における条件は以下に示すとおりである．

〈条件〉・ダンプトラックは毎日同じ台数を使用する．
・ダンプトラックの積載量（ほぐし土量）：6 m³
・ダンプトラックのサイクルタイム：20 分
・ダンプトラックの作業効率：0.8
・ダンプトラックの1日平均作業時間：6 時間
・土量換算係数：1.0

解答計算例

ダンプトラックの運転時間当たり作業量は下式で表す．

$$Q = \frac{60 \cdot C \cdot f \cdot E}{Cm}$$

ここで，Q：1時間当たり作業量 [m³/h]
　　　　Cm：サイクルタイム [min] = 20 min

▲ ダンプトラック作業

C：ダンプトラック積載量（ほぐし土量）= 6 m³
f：土量換算係数 = 1.0
E：作業効率 = 0.8

$$Q = \frac{60 \times 6 \times 1.0 \times 0.8}{20} \, [\text{m}^3/\text{h}] = 14.4 \, [\text{m}^3/\text{h}]$$

1日平均作業時間を6時間とした場合に8日間で運搬するためには

1日当たり作業量 = 14.4 [m³/h] × 6 h × 8 = 691.2 [m³/台]

$$必要最小台数 = \frac{1\,700}{691.2} = 2.46 ≒ 3 \text{ 台}$$

切土施工（掘削）

● 切土施工の留意点

切土施工の留意点は以下のとおりである．

① 切土高さ 5～10 m ごとに，1.5 m 程度の小段を設ける．
② 小段に排水設備を設置しない場合には，小段の下側に向かい 5～10% 程度の横断勾配を付ける．
③ 小段に排水設備を設ける場合には，逆勾配を付ける．
④ 片切片盛土の施工には，切土と盛土の境に仮排水路を設ける．

▲ 切土施工

● 掘削方法

掘削方法には主に下記の工法がある．

① **ベンチカット工法**：階段式に掘削を行う工法で，バックホウやトラクタショベルによって掘削，積込みを行う．掘削土量が多く掘削規模の大きい場合に適し，掘削した土砂はダンプトラックにより運搬することが多い．
② **ダウンヒルカット工法**：ブルドーザ，スクレーパなどを用いて傾斜面の下り勾配を利用して掘削し運搬する工法である．掘削斜面の最大下り勾配は 25～30°で，帰路の登り勾配は建設機械の登坂能力により決める．

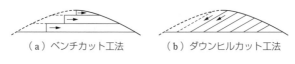

▲ 掘削方法

③ **溝掘削**：パイプの敷設や構造物の基礎掘削を行う場合の工法で，主にバックホウとダンプトラックを組み合わせて行う．

盛土施工

●盛土材料

盛土材料としては，下記の材料を使用することが望ましい．
① 施工が容易で締め固めたあとの強さが大きい（最適含水比に近づける）．
② 圧縮性が小さく，吸水による膨潤性が低い．
③ 雨水などの浸食に対して強い．
④ 法面の被覆には砂質土よりも，粘性土で締固めの良いものにする．
⑤ コーン指数，せん断強さが大きいものとする．

●盛土施工の留意点

盛土施工の留意点は以下のとおりである．
① 原地盤の傾斜が1：4より急な地盤に盛土を行う場合は，盛土部と地山のなじみを良くし，滑動を防止するために段切を設ける．
② 段切の形状は，最小幅100 cm以上，最小高さ50 cm以上とする．
③ 盛土自体の圧密や地盤の沈下を見込んで，余盛りを行う．

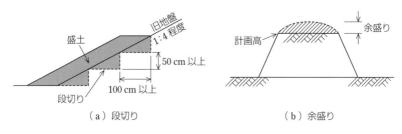

▲ 盛土施工

●締固め厚さと敷均し厚さ

盛土の種類により締固め厚さおよび敷均し厚さは「道路土工施工指針」により，下表に定められている．

盛土の種類	締固め厚さ（1層）	敷均し厚さ
路体・堤体	30 cm 以下	35〜45 cm 以下
路床	20 cm 以下	25〜30 cm 以下

●盛土材料による，敷均しの留意点

① 一般盛土材料の場合，敷均し厚さは，薄く，均等にすることにより，安定性が保たれる．ブルドーザの場合は連続作業のため，土量の確認が困難であり，厚さが把握しにくい．ダンプトラックやスクレーパの場合は，運搬土量が明らかになり，厚さの把握が容易である．

② 高含水比粘性土を盛土材料として使用するときは，運搬機械によるわだち掘れができやすくなる．スクレーパおよびショベル＋ダンプトラック施工の場合には盛土の荷下ろし箇所に直接運搬機械を入れることができず，運搬路付近より盛土箇所まで材料を二次運搬する必要がある．

土工作業と建設機械

土工作業に使用する建設機械は，扱う土の性質や運搬距離，地形勾配によってそれぞれ適する機械を選定，あるいはそれらを組み合わせて使用する．

●土質（トラフィカビリティ）による建設機械の選定（道路土工施工指針）

建設機械の土の上での走行性を表すもので，締め固めた土をコーンペネトロメータにより測定したコーン指数 q_c で示される．

建設機械の種類	コーン指数 q_c〔kN/m²〕	建設機械の接地圧〔kPa〕
超湿地ブルドーザ	200 以上	15〜23
湿地ブルドーザ	300 以上	22〜43
普通ブルドーザ（15 t 級）	500 以上	50〜60
普通ブルドーザ（21 t 級）	700 以上	60〜100
スクレープドーザ	600 以上（超湿地形は 400 以上）	41〜56（27）
被牽引式スクレーパ	700 以上	130〜140
自走式スクレーパ	1 000 以上	400〜450
ダンプトラック	1 200 以上	350〜550

●運搬距離による建設機械の選定（道路土工施工指針）

建設機械の種類	距離〔m〕	建設機械の種類	距離〔m〕	建設機械の種類	距離〔m〕
ブルドーザ	60 以下	被牽引式スクレーパ	60〜400	ショベル系掘削機＋ダンプトラック	100 以上
スクレープドーザ	40〜250	自走式スクレーパ	200〜1 200		

■第3章 土木一般

（a）バックホウ

（b）ブルドーザ

（c）スクレープドーザ

（d）自走式スクレーパ

▲ 建設機械

●運搬機械の走行可能勾配（道路土工施工指針）

運搬機械は登り勾配の時は走行抵抗が増し，下り勾配の時は走行抵抗が減り，危険が生じる．

一般に適応できる運搬路の勾配は，下表に定められている．

運搬機械の種類	運搬路の勾配
普通ブルドーザ	3割（約20°）〜2.5割（約25°）
湿地ブルドーザ	2.5割（約25°）〜1.8割（約30°）
被けん引式スクレーパスクレープドーザ	15〜25%
ダンプトラック自走式スクレーパ	10%以下（坂路が短い場合15%以下）

●締固め機械の種類と特徴による適用土質

締固め機械	特徴	適用土質
ロードローラ	静的圧力により締め固める	粒調砕石，切込砂利，礫混じり砂
タイヤローラ	空気圧の調整により各種土質に対応する	砂質土，礫混じり砂，山砂利，細粒土，普通土一般
振動ローラ	起振機の振動により締め固める	岩砕，切込砂利，砂質土
タンピングローラ	突起（フート）の圧力により締め固める	風化岩，土丹，礫混じり粘性土
振動コンパクタ	平板上に取り付けた起振機により締め固める	鋭敏な粘性土を除くほとんどの土

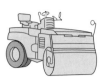
(a）ロードローラ

(b）タイヤローラ

(c）振動ローラ

(d）タンピングローラ

(e）振動コンパクタ

▲ 締固め機械

土工の品質管理

品質管理方式

① **品質規定方式-1（基準試験の最大乾燥密度，最適含水比を利用する方法）**
現場で締め固めた土の乾燥密度と基準の締固め試験の最大乾燥密度との比を締固め度と呼び，この値を規定する方法である．

② **品質規定方式-2（空気間隙率または飽和度を施工含水比で規定する方法）**
締め固めた土が安定な状態である条件として，空気間隙率または飽和度が一定の範囲内にあるように規定する方法である．

③ **品質規定方式-3（締固めた土の強度あるいは変形特性を規定する方法）**
締め固めた盛土の強度あるいは変形特性を貫入抵抗，現場CBR，支持力，プルーフローリングによるたわみの値によって規定する方法である．

④ **工法規定方式**
使用する締固め機械の種類，締固め回数などの工法を規定する方法である．あらかじめ現場締固め試験を行って，盛土の締固め状況を調べる必要がある．

盛土締固め管理

① 締固めの基準として，「突き固めによる土の締固め試験方法」を用いて，乾燥密度を下式により求める．

$$\rho_d = \frac{\rho_t}{1 + \omega/100}$$

ここで　ρ_d：乾燥密度

ρ_t：湿潤密度

ω：含水比

【計算結果例】

測定番号	1	2	3	4	5
含水比〔%〕	6.0	8.0	11.0	14.0	16.0
湿潤密度〔g/cm³〕	1.590	1.944	2.220	2.052	1.740
乾燥密度〔g/cm³〕	1.5	1.8	2.0	1.8	1.5

② 締固め曲線

縦軸に①で求めた乾燥密度，横軸に含水比を各測点ごとにポイントする．

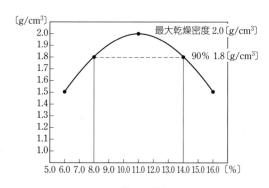

▲ 締固め曲線

③ 施工含水比

①で求めた最大乾燥密度の90％の値を計算し，締固め曲線の交点A，Bを求め，その範囲を施工含水比とする．

・最大乾燥密度＝2.0 g/cm³

・施工含水比＝8.0 〜 14.0％

法面の施工

切土の地山の土質および盛土の盛土材料により，法面勾配が異なる．

●切土に対する標準法面勾配（道路土工施工指針）

地山の土質		切土高	勾配	摘要
硬岩			1:0.3〜1:0.8	
軟岩			1:0.5〜1:1.2	
砂	密実でない粒度分布の悪いもの		1:1.5〜	h_a：a のり面に対する切土高
砂質土	密実なもの	5 m 以下	1:0.8〜1:1.0	h_b：b のり面に対する切土高
		5〜10 m	1:1.0〜1:1.2	（a）切土高と勾配
	密実でないもの	5 m 以下	1:1.0〜1:1.2	
		5〜10 m	1:1.2〜1:1.5	
砂利，岩塊まじり砂質土	密実なもの，または粒度分布のよいもの	10 m 以下	1:0.8〜1:1.0	
		10〜15 m	1:1.0〜1:1.2	
	密実でないもの，または粒度分布の悪いもの	10 m 以下	1:1.0〜1:1.2	
		10〜15 m	1:1.2〜1:1.5	
粘性土		10 m 以下	1:0.8〜1:1.2	
岩塊，玉石まじり粘性土		5 m 以下	1:1.0〜1:1.2	（b）地山状態とのり面形状の例
		5〜10 m	1:1.2〜1:1.5	

●盛土材料に対する標準法面勾配（道路土工施工指針）

盛土材料	盛土高	勾配	摘要
粒度の良い砂（SW），礫および細粒分混じり礫（GM），（GC），（GW），（GP）	5 m 以下	1:1.5〜1:1.8	基礎地盤の支持力が十分にあり，浸水の影響のない盛土に適用する． （ ）の統一分類は代表的なものを参考に示す．
	5〜15 m	1:1.8〜1:2.0	
粒度の悪い砂（SP）	10 m 以下	1:1.8〜1:2.0	
岩塊（ずりを含む）	10 m 以下	1:1.5〜1:1.8	
	10〜20 m	1:1.8〜1:2.0	
砂質土（SM），（SC），硬い粘質土，硬い粘土（洪積層の硬い粘質土，粘土，関東ロームなど）	5 m 以下	1:1.5〜1:1.8	
	5〜10 m	1:1.8〜1:2.0	
火山灰質粘性土（VH2）	5 m 以下	1:1.8〜1:2.0	

法面排水工

法面排水は排水の目的と機能により工種が決まる．

① **法肩排水溝**：自然斜面からの流水が法面に流れ込まないようにする．
② **小段排水溝**：上部法面からの流水が下部法面に流れ込まないようにし，縦排水溝へ導く．
③ **縦排水溝**：法肩排水溝，小段排水溝の流水を集水し流下させ，法尻排水溝へ導く．
④ **水平排水孔**：湧水による法面崩壊を防ぐために，地下水の水抜きを行う．
⑤ **法尻排水溝**：のり面からの流水および縦排水溝からの流水を集水し流下させる．

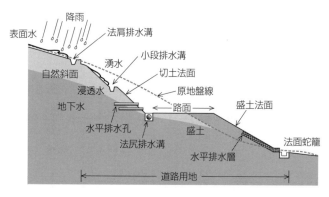

▲ 法面排水工

法面保護工の工種と目的（道路土工施工指針）

分類	工　種	目的・特徴
植生工	種子散布工，客土吹付工，張芝工，植生マット工	浸食防止，全面植生（緑化）
	植生筋工，筋芝工	盛土のり面浸食防止，部分植生
	土のう工，植生穴工	不良土のり面浸食防止
	樹木植栽工	環境保全，景観
構造物による保護工	モルタル・コンクリート吹付工，ブロック張工，プレキャスト枠工	風化，浸食防止
	コンクリート張工，吹付枠工，現場打コンクリート枠工，アンカー工	のり面表層部崩落防止
	編柵工，じゃかご工	のり面表層部浸食，流失抑制
	落石防止網工	落石防止
	石積，ブロック積，ふとん籠工，井桁組擁壁，補強土工	土圧に対抗（抑止工）

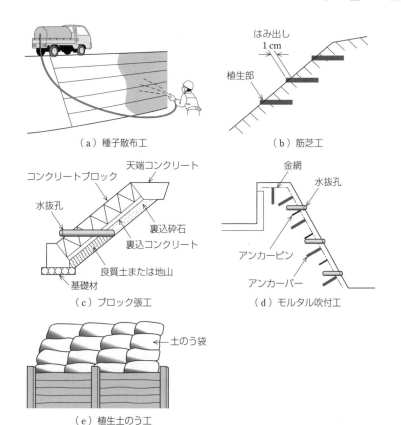

▲ 法面保護工

軟弱地盤対策（道路土工－軟弱地盤対策工指針）

● 土質調査の標準値による軟弱地盤の判定方法

標準貫入試験（N値）	コーン貫入試験 q_c 〔kN/m²〕	安定および沈下に対する検討
$N>4$	$q_c>400$	安定および沈下は問題ない
$2<N<4$	$200<q_c<400$	安定および沈下に対する一応の検討が必要
$N<2$	$q_c<200$	安定および沈下に対する十分な検討が必要

① **安定に対する検討**：円弧すべりの検討による．
② **沈下に対する検討**：圧密試験結果により沈下量を計算する．

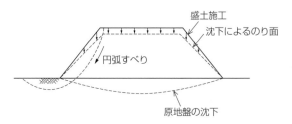

▲ 軟弱地盤上の盛土概念図

● 軟弱地盤対策工法の種類

分類	工法	対策	対策・効果
表層処理工法	表層混合工法，表層排水工法，サンドマット工法	安定	強度低下抑制，すべり抵抗
押え盛土工法	押え盛土工法，緩斜面工法	安定	すべり抵抗
置換工法	掘削置換工法，強制置換工法	安定	すべり抵抗，せん断変形抑制
載荷重工法	盛土荷重載荷工法，大気圧載荷工法，地下水低下工法	沈下	圧密沈下促進
バーチカルドレーン工法	サンドドレーン工法，カードボードドレーン工法	沈下	圧密沈下促進
サンドコンパクション工法	サンドコンパクションパイル工法	沈下 安定	沈下量減少，液状化防止
固結工法	石灰パイル工法，深層混合処理工法，薬液注入工法	沈下 安定	沈下量減少，すべり抵抗
振動締固め工法	バイブロフローテーション工法，ロッドコンパクション工法	沈下 安定	液状化防止，沈下量減少

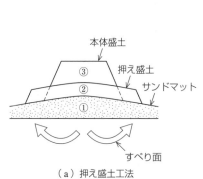
（a）押え盛土工法

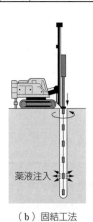
（b）固結工法

▲ 軟弱地盤対策工法①

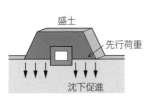
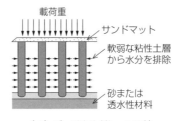

（c）載荷重工法　　　　　　（d）バーチカルドレーン工法

▲　軟弱地盤対策工法①（つづき）

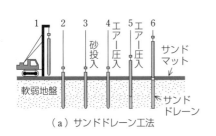
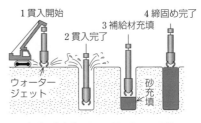

（a）サンドドレーン工法　　　（b）バイブロフローテーション工法

▲　軟弱地盤対策工法②

地下排水工法

重力排水

雨水や地下水を重力の作用で1箇所に集め排水する方法である．

① **釜場排水**：雨水や地下水を1箇所に集め，水だめ（釜場）を掘り水中ポンプで排水する．
② **深井戸工法**：不透水層まで深井戸を掘り込み，水中ポンプで排水する．

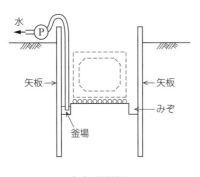
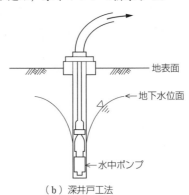

（a）釜場排水　　　　　　　　（b）深井戸工法

▲　重力排水

③ **暗渠排水**：重力排水の一方法で，有孔管による暗渠を埋設して地下の過剰水を排除するもので，地滑り防止や地下水低下に用いる．

▲ 暗渠排水

○ **強制排水**

地下水を真空ポンプなどで強制的に吸い込み，排水する方法である．

① **ウェルポイント工法**：穴空き管を地中に挿入し，真空ポンプで地下水を強制的に吸い出し，地下水位を低下させる．

② **深井戸真空工法**：深井戸を掘り込み，真空ポンプで強制排水し，地下水位を低下させる工法で，砂質土の地盤改良に利用される工法である．

③ **電気浸透工法**：粘土層の中に直流電流を流すと粘土層中の水分が陰極に集まる性質を利用して脱水強化する工法で，地盤改良に利用される工法である．

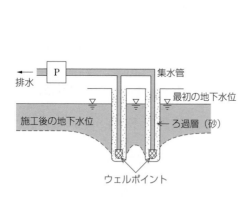
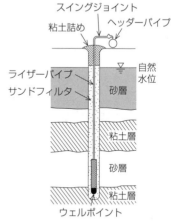

▲ 強制排水

3-2 コンクリート工

■ 骨組みをつくる

コンクリート材料

コンクリートの材料は，主に下記の4種類で構成される．

（a）セメント　　（b）水　　（c）砂利，砂　　（d）混和材料

▲ コンクリート材料

● セメント

セメントは水和反応により硬化するもので，次の種類がある．

① **ポルトランドセメント**：JIS R 5210 において，普通・早強・超早強・中庸熱・低熱・耐硫酸塩ポルトランドセメントの 6 種類が規定されている．

② **混合セメント**：JIS R 5211～5214 において，高炉セメント（A 種・B 種・C 種），シリカセメント（A 種・B 種・C 種），フライアッシュセメント（A 種・B 種・C 種）およびエコセメント（普通，速硬）の 4 種類が規定されている．

● 骨 材

骨材の種類としては，砕石および砕砂，スラグ骨材，人工軽量骨材ならびに砂利および砂となり，大きさにより 2 種類に分けられる．

① **細骨材**：10 mm 網ふるいを全部通り，5 mm 網ふるいを質量で 85％通るものをいう．

② **粗骨材**：5 mm 網ふるいに質量で 85％以上留まるものをいう．

● 混和材料

コンクリートの耐久性，化学抵抗性などを改善するために添加する．

① **混和材**：代表的なものとしてフライアッシュがあり，コンクリートのワーカビリティを改善し，単位水量を減らし，水和熱による温度上昇を小さくすることができる．練上がりコンクリートの容積に算入する．

② **混和剤**：AE 剤，AE 減水剤等があり，ワーカビリティ，凍霜害性を改善し，単位水量および単位セメント量を減少させる．練上がりコンクリートの容積に

算入しない．

● **コンクリートの性質**
① **ワーカビリティ**：運搬，打込み，締固めなどのコンクリート施工の作業が容易にできる程度を表すフレッシュコンクリートの性質．
② **コンシステンシー**：水量の多少によって左右されるフレッシュコンクリートの変形または流動に対する抵抗の度合いを表す．コンシステンシーが小さいと打込み，締固め作業は容易だが，材料分離を起こしやすく，ブリーディングを生じやすい．
③ **スランプ試験**：高さ30 cmのスランプコーンにコンクリートを入れ，このコーンを引き抜いたときの沈下量を測る．スランプが大きいと柔らかい．
④ **体積変化**：温度が上昇すると膨張し，冷えると収縮する．また，湿度が高いと上昇し，乾燥すると収縮する．

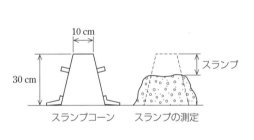
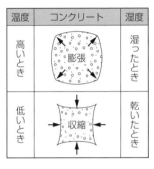

（a）スランプ試験　　　　　（b）体積変化

▲　スランプ試験と体積変化

● **コンクリートの配合，品質**
① **単位水量**：コンクリート1 m³を造る時に用いる水の量
② **単位セメント量**：コンクリート1 m³を造る時に用いるセメントの量
③ **水セメント比**：単位水量（W）を単位セメント量（C）で割った比率（$W/C \times 100\%$）で表す．
④ **良好なコンクリートの配合**：作業に適したワーカビリティが得られる範囲内で，単位水量，単位セメント量，水セメント比をできるだけ少なくする．または最大寸法の大きな粗骨材を用いることにより，細骨材率を小さくする．

● **AEコンクリート**
① AE剤，AE減水剤等の表面活性作用によってコンクリート中に生じる微小な気泡を，エントレインドエア（連行空気）という．

② エントレインドエアを含んでいるコンクリートを AE コンクリートという．
③ AE コンクリートは，凍結融解作用に対して抵抗性が大きい．

■ レディーミクストコンクリート

JIS A 5308 に規定されたコンクリートで，認証された生コン工場で製造されたフレッシュコンクリートのことをいう．

● 品質についての指定事項
① **レディーミクストコンクリートの種類**：粗骨材最大寸法，目標スランプまたはスランプフロー，呼び強度で表す．
② **指定事項（生産者と協議）**：セメントの種類，骨材の種類，粗骨材最大寸法，アルカリシリカ反応抑制対策の方法
③ **指定事項（必要に応じて生産者と協議）**：材齢，水セメント比，単位水量の目標上限値，単位セメント量の上限値または下限値，空気量

● 表 示
以下に表示例を示す．

| 普通 | 24 | 10 | 25 | N |

① **普通**：コンクリートの種類によるもので，その他に軽量，舗装，高強度がある．
② **24**：呼び強度
③ **10**：スランプ〔cm〕
④ **25**：粗骨材の最大寸法〔mm〕
⑤ **N**：セメントの種類による記号で，以下のものがある．
　　　　N：普通ポルトランドセメント
　　　　H：早強ポルトランドセメント
　　　　UH：超早強ポルトランドセメント
　　　　M：中庸熱ポルトランドセメント
　　　　L：低熱ポルトランドセメント

● 品質規定
コンクリートはコンクリート標準示方書により，主な品質の規定がされている．
① **スランプ**：購入者が指定した値に対して，許容差の範囲内でなければならない．

スランプ〔cm〕	2.5	5 および 6.5	8〜18	21
スランプの誤差	±1	±1.5	±2.5	±1.5

② **空気量**：荷卸し地点で購入者が指定した値に対して，許容差の範囲内でなければならない．

コンクリートの種類	空気量〔%〕	空気量の許容差
普通コンクリート	4.5	± 1.5
軽量コンクリート	5.0	
舗装コンクリート	4.5	

③ **塩化物含有量**：コンクリート中に含まれる塩化物イオンは，塩化物イオン量として 0.30 kg/m^3 以下とする（承認を受けた場合は 0.60 kg/m^3 以下）．

④ **圧縮強度**
- 強度は材齢 28 日における標準養生供試体の試験値で表し，1 回の試験結果は，呼び強度の強度値の 85% 以上とする．
- かつ，3 回の試験結果の平均値は，呼び強度の強度値以上とする．

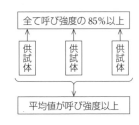

▲ レディーミクストコンクリートの強度

①現場からコンクリートを抽出する

②モールドにコンクリートを入れ，突き棒でつめる

③脱型して水中に入れて養生する

④28 日目に水中から取り出し，圧縮試験機で圧縮強度を調べる

▲ 圧縮強度試験

コンクリートの耐久性・ひび割れ

● アルカリ骨材反応
① **劣化現象**：セメント中のアルカリと骨材中のシリカ質が反応し，膨張，ひび割れが発生する．
② **反応抑制対策**：アルカリシリカ反応性試験で無害と判定された骨材を使用する／コンクリート中のアルカリ総量を 3.0 kg/m^3 以下にする／高炉セメント（B 種，C 種），混合セメント（B 種，C 種）を使用する

● 中性化
① **劣化現象**：大気中の二酸化炭素が，コンクリート内のセメント水和物と炭酸化反応を起こし，アルカリ性であるコンクリートの pH を低下させる現象で，

中性化が鉄筋などの鋼材に到達すると，鋼材の腐食が促進され，その影響でコンクリートのひび割れやはく離，鋼材の断面減少が発生する．
② **反応抑制対策**：十分なかぶりを確保する／水セメント比を50％以下とする／混合セメントを使用する

- **塩　害**
① **劣化現象**：塩化物イオンの浸入により，コンクリート中の鋼材の腐食が促進され，ひび割れやはく離が生じ，鋼材の断面減少が発生する．
② **反応抑制対策**：鉄筋のかぶりを大きくする／コンクリート中の塩化物イオン量を，$0.3\,kg/m^3$ 以下にする／防食鉄筋を使用する

- **凍　害**
① **劣化現象**：コンクリート中の水分が外気温等により凍結融解を繰り返し，その膨張圧によりコンクリート表面の微細ひび割れ等の劣化が増進する．
② **反応抑制対策**：水セメント比を小さくし，AE剤を使用する

- **温度ひび割れ**
① **原因**：施工時と硬化後における気温差によりコンクリートの収縮が生じる．
② **対策**：打設時のコンクリート温度を低くする／石灰石などの気温の影響の少ない骨材を使用する

コンクリートの施工

- **型枠を組み立てる**
① 型枠（せき板）またはパネルの継目は部材軸に直角または並行とし，モルタルが漏出しない構造とする．
② 型枠（せき板）は，転用しての使用が前提となり，一般に転用回数は，合板の場合5回程度，プラスチック型枠の場合20回程度，鋼製型枠の場合30回

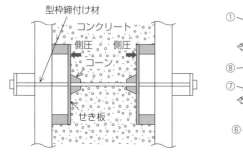
（a）型枠の組立て

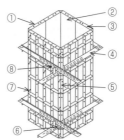
（b）鋼製型枠（柱用）

①フラットフォーム
②面板
③Ｌピン穴
④クランプ
⑤コーナーアングル
⑥止め金具
⑦Ｕクリップ
⑧くさび

▲ 型　枠

程度を目安とする．
③ せき板内面にははく離剤材を塗布する．
④ 支保工は受ける荷重を確実に基礎に伝える形式とする．
⑤ 締付け材は，ボルトまたは棒鋼を用い，型枠取外し後は表面から 2.5 cm 部分は取り去り，穴はモルタルで埋めておく．
⑥ コンクリートの温度が低いほど，また，スランプが大きいほど型枠への側圧は大きくなる．

● 型枠を取り外す
① 型枠の取外しの時期のコンクリートの圧縮強度は，下表のとおりである．

部材面の種類	例	圧縮強度〔N/mm²〕
厚い部材の鉛直面，小さいアーチの外面	フーチングの側面	3.5
薄い部材の鉛直面，小さいアーチの内面	柱，壁，はりの側面	5.0
スラブ，はり，45°より緩い下面	スラブ，はりの底面	14.0

② 取外しの順序は，上表の圧縮強度の小さい部材から先に外していく．

● 鉄筋を組み立てる
① 曲げ加工した鉄筋の曲げ戻しは原則として行わない．
② 常温で加工するのを原則とする．
③ 鉄筋は，原則として溶接してはならない．やむを得ず溶接し，溶接した鉄筋を曲げ加工する場合には溶接した部分を避けなければならない（鉄筋径の10倍以上離れた箇所で行う）．
④ 鉄筋の交点の要所は，直径 0.8 mm 以上の焼なまし鉄線または適切なクリップで緊結する．
⑤ 組立用鋼材は，鉄筋の位置を固定するとともに，組立てを容易にする点からも有効である．
⑥ かぶりとは，鋼材（鉄筋）の表面からコンクリート表面までの最短距離で計測した厚さである．
⑦ 型枠に接するスペーサーはモルタル製またはコンクリート製を原則として使用する．
⑧ 継手位置はできるだけ応力の大きい断面を避け，同一断面に集めないことを標準とする．
⑨ 重ね合せの長さは，鉄筋径の 20 倍以上とする．
⑩ 重ね継手は，直径 0.8 mm 以上の焼なまし鉄線で数箇所緊結する．
⑪ 継手の方法は重ね継手，ガス圧接継手，溶接継手，機械式継手から適切な方

法を選定する．
⑫ ガス圧接継手の場合は，圧接面は面取りし，鉄筋径1.4倍以上のふくらみを要する．

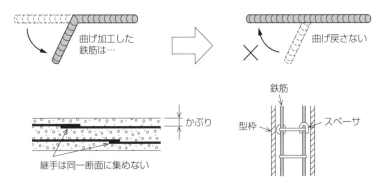

▲ 鉄筋の組立て

●コンクリートを運搬する

① 練混ぜから打終わりまでの時間については，一般の場合には，外気温25℃以下のときは2時間以内，25℃を超えるときは1.5時間以内を標準とする．
② 現場までの運搬については，運搬距離が長い場合や，スランプの大きいコンクリートの場合は，トラックミキサやトラックアジテータを使用する．また，レディーミクストコンクリートは，練混ぜを開始してから荷卸しまでの時間を1.5時間以内とする．
③ コンクリートポンプの輸送管の径は，各種条件を考慮し圧送性に余裕のあるものを選定する．
④ コンクリートポンプの配管経路はできるだけ短く，曲がりの数を少なくする．
⑤ 圧送に先立ち，コンクリートの水セメント比より小さい水セメント比の先送りモルタルを圧送し配管内面の潤滑性を確保する．
⑥ バケットは材料分離を起こしにくく，コンクリートの排出が容易なものとする．
⑦ シュートは縦シュートの使用を標準とし，コンクリートが1箇所に集まらないようにし，やむを得ず斜めシュートを用いる場合，傾きは水平2に対し鉛直1程度を標準とする．
⑧ ベルトコンベアを使用する場合，終端にはバッフルプレートおよび漏斗管を設ける．

⑨ 手押し車やトロッコを用いる場合は，運搬路は平らで，運搬距離は 50 ～ 100 m 以下とする．

（a）コンクリートポンプ車によるもの　（b）バケットによるもの　（c）シュートによるもの　（d）ベルトコンベアによるもの

▲ コンクリートの運搬

コンクリートを打設する

① 打設時間は，練混ぜから打ち終わるまでの時間は，外気温が 25℃ 以下の時で 2 時間，25℃ を超える時でも 1.5 時間を超えないようにする．
② コンクリートの打込み前には，鉄筋や型枠の配置を確認し，型枠内にたまった水は除いておく．
③ 打込み作業においては，鉄筋や型枠の配置を乱さない．
④ 打込み位置は，目的の位置に近いところにおろし，型枠内では横移動させない．
⑤ 一区画内では完了するまで連続で打ち込み，ほぼ水平に打ち込む．
⑥ 2 層以上に分けて打ち込む場合は，各層のコンクリートが一体となるように施工し，許容打重ね時間の間隔は，外気温 25℃ 以下の場合は 2.5 時間，25℃ を超える場合は 2.0 時間とする．
⑦ 打上り面は水平になるように打ち込み，1 層当たりの打込み高さは 40 ～ 50 cm 以下を標準とする．
⑧ 吐出し口と打込み面までの高さは 1.5 m 以下を標準とする．
⑨ 表面にブリーディング水がある場合は，これを取り除く．
⑩ 打上がり速度は，30 分当たり 1.0 ～ 1.5 m 以下を標準とする．
⑪ 沈下ひび割れ防止のために，打込み順序としては，壁または柱のコンクリートの沈下がほぼ終了してからスラブまたは梁のコンクリートを打ち込む．

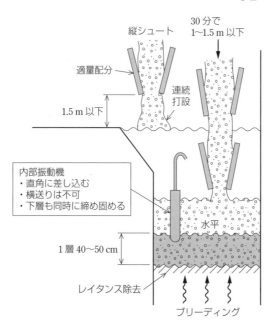

▲ コンクリートの打設

● コンクリートを締め固める

① 締固めの目的は，コンクリートの空隙を小さくし，緊密にすることである．
② 締固めは，原則として内部振動機を使用するが，困難な場合は型枠振動機を使用してもよい．
③ 内部振動機は，下層のコンクリート中に 10 cm 程度挿入する．
④ 内部振動機は，鉛直で一様な間隔で差し込み，一般に間隔は 50 cm 以下とする．
⑤ 締固め時間の目安は 5〜15 秒程度とし，引き抜くときは徐々に引き抜き，後に穴が残らないようにする．

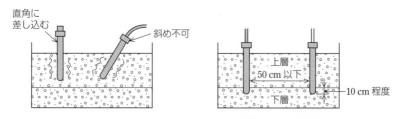

▲ 内部振動機の取扱い

⑥ 締固め終了後のコンクリートの表面は，しみ出た水がなくなるか，または上面の水を取り除くまでは仕上げてはならない．

⑦ 仕上げ作業後，コンクリートが固まり始めるまでの間に発生したひび割れは，タンピングまたは再仕上げによって修復する．

●打継目

① 打継目は，できるだけせん断力の小さい位置に設け，打継面を部材の圧縮力の作用方向と直交させる．

② 打継目の計画にあたっては，温度応力，乾燥収縮などによるひび割れの発生について考慮する．

③ 水密性を要するコンクリートは適切な間隔で打継目を設ける．

④ 水平打継目において，美観が求められる場合は，型枠に接する線は，できるだけ水平な直線となるようにする．

⑤ 水平打継目において，コンクリートを打ち継ぐ場合，既に打ち込まれたコンクリート表面のレイタンス，品質の悪いコンクリートなどを完全に取り除き，十分に吸水させる．

⑥ 鉛直打継目の施工においては，型枠を確実に締め直し，既設コンクリートと打設コンクリートが密着するように強固に締め固める．

⑦ 鉛直打継目の施工においては，旧コンクリート面をワイヤブラシ，チッピングなどにより粗にして，セメントペースト，モルタル，エポキシ樹脂などを塗り，一体性を高める．

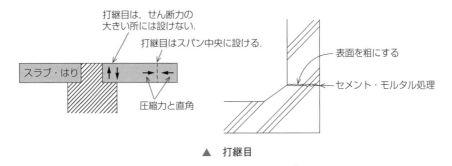

▲ 打継目

●養生

① 表面を荒らさないで作業ができる程度に硬化したら，下表に示す養生期間を保たなければならない．

日平均気温	普通ポルトランドセメント	混合セメントB種	早強ポルトランドセメント
15℃以上	5日	7日	3日
10℃以上	7日	9日	4日
5℃以上	9日	12日	5日

② せき板は，乾燥するおそれのあるときは，これに散水し，湿潤状態にしなければならない（湿潤養生）．

③ 膜養生は，コンクリート表面の水光りが消えた直後に行い，散布が遅れるときは，膜養生剤を散布するまではコンクリートの表面を湿潤状態に保ち，膜養生剤を散布する場合には，鉄筋や打継目などに付着しないようにする必要がある．

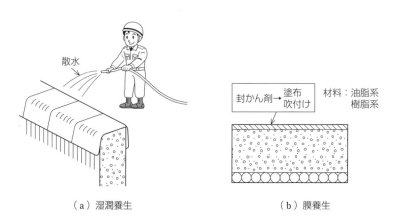

▲ 養　生

寒中，暑中コンクリートの施工

寒中コンクリート

① 日平均気温が4℃以下になることが予想されるときは，寒中コンクリートとして施工する．

② 材料を加熱する場合は，水または骨材を加熱し，セメントはいかなる場合も加熱してはならない．

③ セメントはポルトランドセメントおよび混合セメントB種を用いることを標準とする．

④ 配合についてはAEコンクリートを原則とする．

⑤ 単位水量は，初期凍害を少なくするために，所要のワーカビリティが得られる範囲内でできるだけ少なくする．
⑥ 打込み時のコンクリート温度は5〜20℃の範囲を保つ．
⑦ 激しい気象作用を受けるコンクリートは，所要強度が得られるまでコンクリートの温度を5℃以上に保ち，更に2日間は0℃以上に保つことを標準とする．
⑧ 保温養生あるいは給熱養生が終わった後，温度の高いコンクリートを急に寒気にさらすと，コンクリートの表面にひび割れが生じるおそれがあるので，適当な方法で保護し表面が徐々に冷えるようにする．

● 暑中コンクリート
① 日平均気温が25℃を超えることが予想されるときは，暑中コンクリートとして施工する．
② 打込みは，練混ぜ開始から打ち終わるまでの時間は1.5時間以内を原則とする．
③ 打込み時のコンクリートの温度は35℃以下とする．
④ 所要の強度およびワーカビリティが得られる範囲内で単位水量および単位セメント量をできるだけ少なくする．
⑤ コンクリートの打込み後，硬化が進んでいない時点で，急激な乾燥ひび割れが発生したときは，直ちにタンピングなどを行い，これを除去する．
⑥ 直射日光や風にさらされると急激に乾燥してひび割れを生じやすいので，打ち込み後は速やかに養生する必要がある．

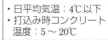
▲ 寒中コンクリート

▲ 暑中コンクリート

3-3 基礎工

■ 土台をつくり構造物を支える

直接基礎の施工（道路橋示方書・同解説　下部構造編）

●支持層の選定
① **砂質土**：N 値が 30 程度以上あれば良質な支持層とみなしてよい．
② **粘性土**：N 値が 20 程度以上あれば良質な支持層とみなしてよい．

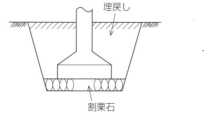

▲　直接基礎

●安定性の検討
① **設計の基本**：支持，転倒および滑動に対しての安全を確保する．
② **合力の作用位置**：常時は底面の中心より底面幅の 1/6 以内，地震時は 1/3 以内とする（ミドルサード）．

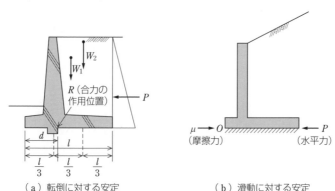

（a）転倒に対する安定　　　　　　　（b）滑動に対する安定

▲　安定性の検討

杭基礎の施工（道路橋示方書・同解説　下部構造編）

◦杭の種類

既製杭としては，主として RC 杭，PC 杭，鋼管杭，H 鋼杭がある．

◦打設工法と打設方法，特徴

打設工法	打設方法・特徴
打撃工法	ドロップハンマ，ディーゼルハンマにより直接打撃する．騒音，振動が発生するが，支持力確認は容易．
中掘工法	杭の中空部にオーガーを入れ，先端部を掘削し，支持地盤へ圧入する．
プレボーリング工法	掘削機械により先行してボーリングを行い，既製杭を建込み，最後に打撃，根固めを行う．
ジェット工法	高圧水をジェットとして噴出し，自重により摩擦を切って圧入する．砂質地盤に適用する．
圧入工法	圧入機械による反力を利用し，静的圧入する無振動，無騒音の低公害の杭打設工法である．

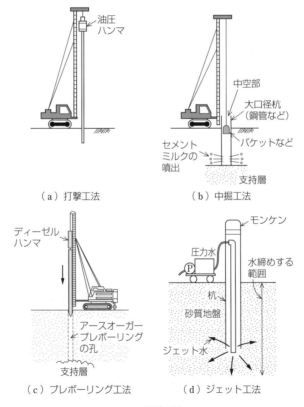

▲　打設工法

3-3 基礎工

場所打ち杭（道路橋示方書・同解説　下部構造編）

現場に直接地盤に穴をあけ，その中にコンクリートを打ち込んで造成する杭で，騒音，振動も少なく，市街地では最も採用される工法である．既製杭に比べて信頼性はやや低下する．

● 場所打ち杭工法の掘削・排土方法

工　法	掘削・排土方法
オールケーシング工法	チュービング装置による**ケーシングチューブ**の揺動圧入と**ハンマグラブ**などにより行う．
リバース工法	回転ビットにより土砂を掘削し，孔内水（泥水）を逆循環（リバース）する方式である．
アースドリル工法	回転バケットにより土砂を掘削し，バケット内部の土砂を地上に排出する．
深礎工法	掘削全長にわたる山留めを行いながら，主として人力により掘削する．

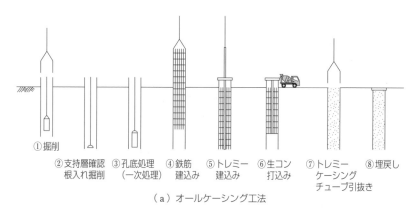

（a）オールケーシング工法

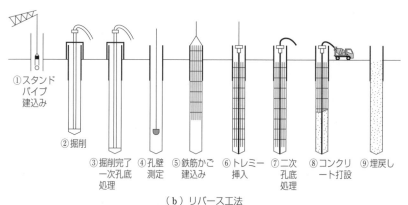

（b）リバース工法

▲　場所打ち杭工法

ケーソン基礎（道路橋示方書・同解説　下部構造編）

鉄筋コンクリート製の箱を地上で制作し，内部を掘削し地上に沈めるもので，オープンケーソンとニューマチックケーソンの2種類がある．

項　目	オープンケーソン	ニューマチックケーソン
掘削方法	バケットなどの掘削機械による．	圧縮空気で水を排除し，人力または機械掘削をする．
施工順序	刃口の据付→躯体の構築→掘削→沈下	刃口の据付→作業室構築→艤装→掘削→沈下→底詰コンクリート
地盤の確認	水中作業となり，確認が困難である．	作業室内で直接支持層を確認でき，載荷試験も可能である．

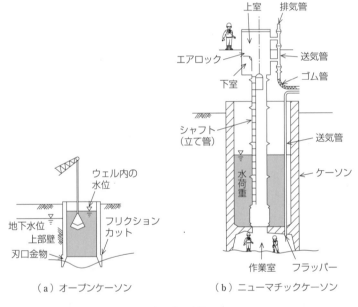

▲　ケーソン

土留め工法（建設工事公衆災害防止対策要綱）

工法の形式と特徴

形式	自立式	切ばり式
特徴	掘削側の地盤の抵抗により土留め壁を支持する．	切ばり，腹おこしなどの支保工と掘削側の地盤の抵抗によって土留め壁を支持する．
図	（土留め壁）	（切ばり，腹おこし，土留め壁）

形式	アンカー式	控え杭タイロッド式
特徴	土留め壁アンカーと掘削側の地盤抵抗によって土留め壁を支持する．	控え杭と土留め壁をタイロッドでつなぎ，これと地盤の抵抗により土留め壁を支持する．
図	（腹おこし，土留め壁アンカー，定着層，土留め壁）	（タイロッド，腹おこし，土留め壁，控え杭）

土留め工の構造

名　称	特　徴
腹おこし	土留め壁からの荷重を受け，これを切ばり，タイロッド，アンカーなどに均等に伝えるものである．
切ばり	腹おこしからの荷重を均等に支え，土留めの安定を保つ．腹おこしとは垂直かつ密着して取り付ける．
火打ち	腹おこし，切ばりの支点間隔が長いと座屈が発生しやすい．座屈長を短くするために用いられる．
中間杭	切ばりの座屈防止，覆工受け桁からの荷重支持が目的で切ばりの交点などに設置する．

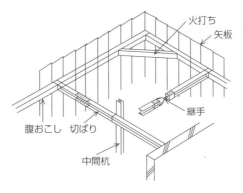

▲ 土留め工

地中連続壁（道路橋示方書・同解説 下部構造編）

地中連続壁の特徴

① 土留壁や遮水壁として，地中に場所打ちコンクリート壁を連続して設置したもので，壁式（等厚式）と柱列式の2種類がある．
② 剛性や止水性が大きく，軟弱地盤のヒービングやボイリングを防止できる．
③ 施工深度の変化に対して適用性が大きい．
④ 本体構造物の一部として用いることができるが，転用は出来ない．
⑤ 施工時の騒音・振動が少ない．
⑥ 周辺地盤の沈下を防止できる．
⑦ 大きな支持力が得られる．
⑧ ほとんどの地盤条件に適合して施工できる．

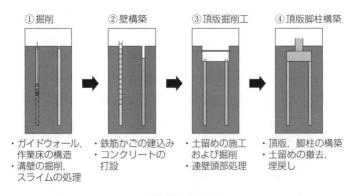

▲ 地中連続壁の施工

地中連続壁の種類

① **壁式（等厚式）**：掘削した孔壁面の崩壊を防止するため，安定液を掘削溝に満たして溝状に掘削し，鉄筋かごを挿入してコンクリートを打設し，地中に連続した壁体を築く．

② **柱列式**：場所打ちのコンクリート杭やモルタル杭などを連続的に並べた柱列杭によって地下壁を築くもので，比較的浅い土留め壁として，広く利用されている．

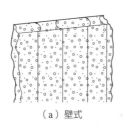
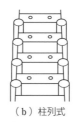

(a) 壁式　　　　(b) 柱列式

▲　地中連続壁の種類

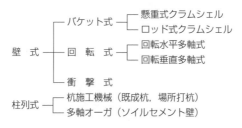

▲　地中連続壁の分類

3-4 擁壁工

■ 土圧を抑える

擁壁の種類と型式

擁壁の種類と特徴

① **重力式擁壁**：無筋コンクリート造で，コンクリート自重により安定を保つもので，施工が最も容易である．支持地盤が良好な箇所に適し，基礎杭は適さない．

② **半重力式擁壁**：重力式のコンクリートを減らし，鉄筋で補強するもので，コンクリート自重による安定とともに引張り力には鉄筋で抵抗する．

③ **もたれ式擁壁**：自立できない型式で，地山，裏込め土などにもたれる構造であり，基礎地盤が岩盤などの堅固な場所に限定される．

④ **片持ち梁式擁壁**：縦壁と底版からなる鉄筋コンクリート造の型式で，かかと版上の土砂の重量により安定を保ち，土圧に対しては縦壁が片持ち梁として抵抗する．片持ち梁式擁壁には，逆T型，L型，逆L型の3型式がある

⑤ **控え壁式擁壁**：縦壁の強度不足を控え壁で補強するもので，控え壁が前面にあるものが支え壁式擁壁である．施工はやや複雑となる．

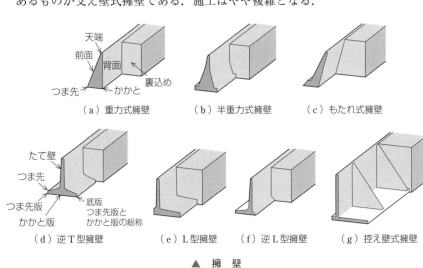

▲ 擁壁

⑥ 擁壁の型式別の適用高さ

型式	ブロック積	もたれ式	重力式	逆T型	L型
適用高さ〔m〕	1.0〜5.0	2.0〜8.0	1.0〜5.0	3.0〜8.0	3.0〜6.0

鉄筋コンクリート擁壁

継目の施工

片持ち梁式擁壁などの鉄筋コンクリート造は，延長が長くなる場合に，打継目や目地を設ける．

① **打継目**：フーチング部と立上り部は一体としてコンクリートの打設を行い，打継目は原則として設けない．

② **鉛直打継目**：温度変化，乾燥収縮などによるひび割れ防止のため，溝状の切れ目をもつ収縮目地（鉛直打継目）を10 m以下の間隔で設け，鉄筋は切断しない．

③ **伸縮目地**：温度変化による構造物本体の亀裂防止のために，伸縮目地を15〜20 mの間隔で設け，構造物を絶縁するために鉄筋は切断する．

▲ 継目

鉄筋の施工

① **主筋**：鉄筋で引っ張り応力に対抗するため，鉛直壁は背面土圧により，背面側に引っ張り応力が働き，底版は上面側に引っ張り応力が働くので，鉄筋は鉛直壁背面，底版上面に主筋を配置する．

② **用心鉄筋（温度鉄筋）**：ひび割れ防止のために，壁面近くに水平方向に30 cm間隔以内で配置する．

③ **鉄筋のかぶり**：壁の空気への露出面で3 cm以上，土に接する部分では5 cm以上および地盤に直接打設の場合は7.5 cm以上を確保する．

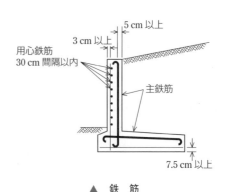

▲ 鉄筋

石積擁壁

石積擁壁の施工

① 石やコンクリートブロックを積み重ね，その自重により法面を安定させる擁壁を石積擁壁（ブロック積擁壁）という．
② 石積擁壁は，地山や盛土が安定し，土圧が小さい場合に適用する．
③ 法面勾配が45°（1割）より急なものを石積といい，これより緩い場合は石張りという．
④ モルタルやコンクリートで胴込めをして，一体化するものを練積みといい，胴込めをしないものを空積みという．
⑤ 練積みの場合には，コンクリート擁壁と同様に，伸縮目地や水抜き孔を設ける．

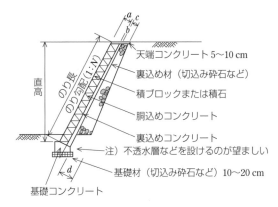

a：控え長
b：裏込めコンクリートの長さ（5～20 cm）
c：裏込め材上部の厚さ
d：裏込め材下部の厚さ

▲ 練積み擁壁の標準断面

直高に対する法勾配，控え長，裏込め厚さ

	直 高〔m〕	0～1.5	1.5～3.0	3.0～5.0
のり勾配	盛 土	1：0.3	1：0.4	1：0.5
	切 土	1：0.3	1：0.3	1：0.4
控え長〔cm〕	空積み	35	35	—
	練積み（胴込めのみ）	35	35	35
	練積み（胴込め＋裏込め）	35＋5＝40	35＋10＝45	35＋15＝50
裏込め材厚さ〔cm〕	上 部	20～40	20～40	20～40
	下 部	30～60	45～75	60～100

石積みの材料

石積みの材料としては，玉石積み，間知石積み，切石積み，野面石積み，割石積み，雑割石積みなどがある．

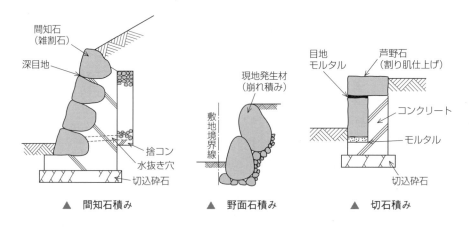

▲ 間知石積み　　▲ 野面石積み　　▲ 切石積み

石積みの積み方

石積みの積み方としては，谷積み，布積み，亀甲積み，俵積みなどがある．

記号	谷積み	布積み	亀甲積み	俵積み
				30 cm　控 37 cm　1/3　45〜60 cm　1/3　60〜75 cm　1/3

擁壁の基礎

直接基礎

① 普通土地盤の場合，栗石，砕石などにより厚さ30〜50 cm程度に十分締め固め，10 cm程度の均しコンクリートを打設する．
② 岩盤の場合は，切込みをつけ，コンクリート打設前に清掃し浮石を除去する．また，底面を洗浄後，貧配合のコンクリートで埋め戻す．

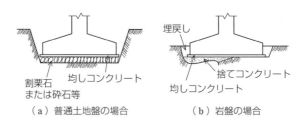

▲ 直接基礎

根入れ深さ

① 直接基礎の最小根入れ深さは，原則として 50 cm 以上確保する．
② 直高 1.0 m 以下の擁壁は 30 cm 以上，直高 1.0 m 超における片持ばり式擁壁のような底版を有する形式の擁壁においては底版厚さに 50 cm を加えた根入

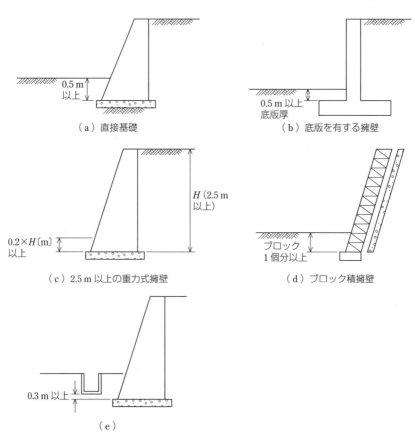

▲ 根入れ深さ

れ深さを確保する．
③ 高さ 2.5 m 以上の重力式擁壁を設ける場合には，擁壁高さの 0.2 倍以上の根入れ深さを確保する．
④ ブロック積擁壁においてはブロック 1 個が土中に没する程度（30 cm 標準）の根入れを確保する．
⑤ 擁壁に接してコンクリート水路などを設ける場合の根入れ深さは，水路底より 30 cm 以上確保する．

● 杭基礎
① 支持杭は支持地盤に直接伝達し，杭先端で支持する．
② 摩擦杭は杭周面と土の摩擦力で抵抗する．
③ 杭基礎に作用する鉛直荷重および水平荷重は杭のみで支持させるものとし，杭先端は十分な支持力を有する支持層まで到達させる．
④ 杭基礎の良質な支持層とは，砂層，砂礫層においては，N 値が概ね 30 以上，粘性土層では N 値が概ね 20 以上とする．

擁壁の安定

● 転倒に対する安定
① 擁壁自重，載荷重，土圧などの合力の作用位置は，常時で底版幅の中央 1/3 以内とする．
② 地震時では，合力の作用位置は底版幅の中央 2/3 以内とする．

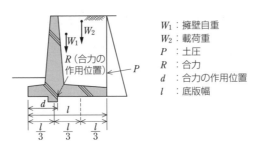

▲ 転倒に対する安定

● 滑動に対する安定
① 擁壁に作用する水平力に対して，底板と基礎地盤の摩擦力で抵抗する．
② 常時の安全率は 1.5 とする．
③ 抵抗力が不足するときは底版幅を広げるか，突起を設けることにより抵抗力を大きくする．

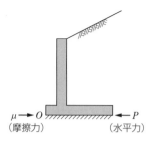

▲ 滑動に対する安定

●沈下に対する安定

① 擁壁に作用する鉛直力は，支持地盤によって支持されているが，支持地盤の支持力が不足すると底版のかかと版またはつま先版が地盤にめり込むように沈下する．

② 地盤が許容できる安全率を見込んだ支持力が，擁壁底面に作用する地盤反力度の最大値以上であること．

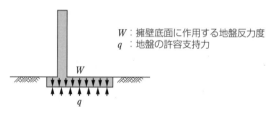

$q \geqq W$：安定である
$q < W$：沈下の可能性（基礎杭などを考慮する）

▲ 沈下に対する安定

3-5 排 水 工

■ 地表の水を流下させる

排水管

●水利条件
① 流速は雨水管の場合は 0.8 〜 3.0 m/s，汚水管の場合は 0.6 〜 3.0 m/s の範囲とし，1.0 〜 1.8 m/s が理想流速である．
② 勾配は，1/200 〜 1/100（0.5 〜 1.0％）以上とする．

●管渠の接合
① **水面接合**：計画水位を上下流で一致させる．

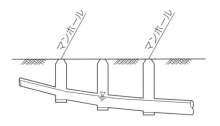

▲ 水面接合

② **管頂接合**：管の内面頂部の高さを合わせる．

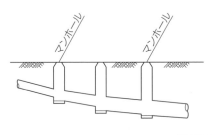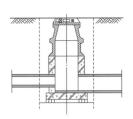

▲ 管頂接合

③ **管中心接合**：管の中心高さを一致させる．

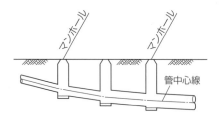 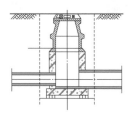

▲ 管中心接合

④ **管底接合**：管の内面底部の高さを合わせる．

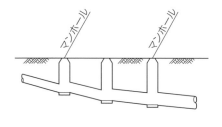 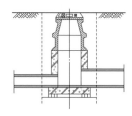

▲ 管底接合

⑤ **段差接合**：地表面が急な場合に，段差をつける．

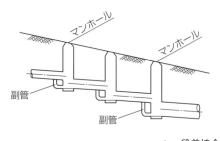 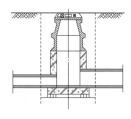

▲ 段差接合

◦取付管

① 排水ますへの取付管の位置は，土砂などの排水管への流出を防ぐため，排水ます底面から 15 cm 以上上方に取り付ける．
② 本管に対し直角方向に布設し，取付管の本管取付部は，管内の流水をスムーズにするために，本管取付角度は 60°を原則とするが，本管が大口径の場合は 90°でもよい．

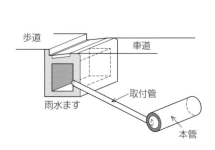

▲ 本管と取付管

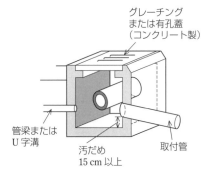

▲ 取付管の排水ますへの取付位置

● マンホール

① マンホールは，排水管の清掃および点検のために設置し，管渠の方向・勾配・管径の変化点，段差箇所，管渠の合流箇所に設置する．

② 管径別最大間隔は，下表を標準とする．

管 径〔mm〕	300以下	600以下	1 000以下	1 500以下	1 650以下
最大間隔〔m〕	50	75	100	150	200

③ 地表面勾配が急な場合で，60 cm 以上の段差が生じた場合は，流下量に応じた副管付きマンホールを設置する．

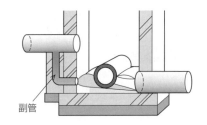

▲ 副管付マンホール

● ます

① **雨水ます**：地表面で集水した雨水を管渠に導入する．

② **汚水ます**：家庭等からの汚水を管渠に導入する．

③ 管渠の起点・終点・合流点・屈曲点および管の内径・種類の異なる箇所に設置する．

④ ますの大きさとしては，最小 30 cm で，内のりを接続管渠より大きくする．

⑤ ますの設置間隔は，本管管径により下表のとおりとする．

管 径〔mm〕	100	150	200
最大間隔〔m〕	12	18	24

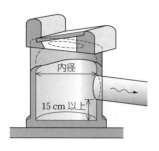

▲ 雨水ます

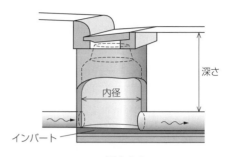

▲ 汚水ます

雨水流出量計算

例題 合理式による流出量計算

以下に示す合理式を利用して，以下に示す条件下での雨水流出量を求めよ．

$$Q = \frac{1}{360} \cdot C \cdot I \cdot A$$

〈条件〉 Q = 雨水流出量〔m³/s〕
　　　　I = 降雨強度 = 90〔mm/h〕
　　　　C = 流出係数 = 0.60（芝生広場の場合）
　　　　A = 集水面積 = 2.0〔ha〕

解答計算例

条件より

$$Q = \frac{1}{360} C \cdot I \cdot A = 0.002778 \times 0.60 \times 90 \times 2.0 = 0.300 \text{ m}^3/\text{s}$$

ワンポイントチェック！　流出率

全降水量に対する流出の度合いを示し，地表の土地利用状態により異なる．各種基準などで異なるが，一般的な値は下記のとおりである．

密集都市	一般市街地	畑	草地・荒地	水田	山林
0.9	0.8	0.6	0.6	0.7	0.7

3-6 舗装工

■ 道路走行を快適にする

アスファルト舗装

●舗装の構成

① **表層**：快適な走行の路面の確保のために，交通荷重を分散して下層に伝達するもので，密粒度・細粒度アスファルト混合物が利用される．
② **基層**：路盤の不陸整正や表層荷重を路盤に均一に伝達するもので，粗粒度アスファルト混合物が利用される．
③ **路盤**：上層荷重をさらに分散し路床へ伝達するもので，上層路盤は，粒度調整砕石・鉄鋼スラグ，瀝青・セメント・石灰安定処理，下層路盤は，クラッシャーラン・鉄鋼スラグ，セメント・石灰安定処理が用いられる．
④ **路床**：舗装の下の厚さ約1mの部分のことをいい，交通荷重を一定に分散し路体へ伝達するものである．

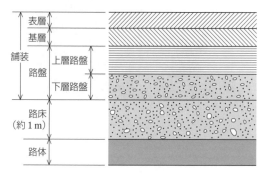

▲ 舗装の構成

●舗装の施工

① **タックコート**
 ・アスファルト混合物層の，表層と基層のそれぞれの付着をよくするために散布するもので，アスファルト乳剤（PK-4）が用いられる．
 ・表面の乾燥を確認して散布を始める．
 ・寒冷期施工の場合，乳剤散布後の養生期間を短縮するために，散布量を2回に分ける．

② **プライムコート**
 ・路盤と表層，基層のアスファルト混合物とのなじみをよくするためのもの

で，雨水表面水および路盤からの水の上昇を遮断する．
- アスファルト乳剤（PK-3）が用いられる．

③ 敷き均し
- 混合物の温度は，一般に110℃以上を保つ．
- 5℃以下あるいは雨天時は作業を中止する．

④ 締固め
- ロードローラ，振動ローラ，タイヤローラ等を利用し，転圧の順序は下記のとおりで行う．

| 1. 継目転圧 | → | 2. 初転圧 | → | 3. 二次転圧 | → | 4. 仕上げ転圧 |

⑤ アスファルトフィニッシャ

アスファルト舗装工事において，アスファルト混合物の敷き均し，締固めおよび仕上げを同時に行う舗装機械である．

▲ アスファルトフィニッシャ

その他の舗装

◦ 透水性舗装

① 表層は，開粒度アスファルト混合物を使用する．耐久性を高めるために改質アスファルト混合物（ゴム・樹脂入り）を使用する場合もある．
② 路盤材は，透水性の高いもの（クラッシャーラン砕石（C-40・C-30・C-20））を使用する．
③ 施工中の温度低下が大きいので，温度管理には十分な注意が必要である．

◦ コンクリート舗装

① コンクリート舗装は，表層（コンクリート版）および路盤（上層・下層）で構成される．
② 表層はコンクリート版からなり，コンクリート版厚さは，交通量区分により 15〜30 cm とする．
③ コンクリートの強度は，材齢28日で 45 kgf/cm^2 を標準とする．
④ コンクリート版には，鉄網，鉄筋を敷き，径 6 mm 異形棒鋼を使用する．
⑤ コンクリート版には，縦目地（伸縮目地・そり目地）および横目地（伸縮目地・収縮目地・そり目地）を設ける．
⑥ 上層路盤として，粒度調整砕石・鉄鋼スラグ，セメント安定処理による
⑦ 下層路盤として，クラッシャーラン，鉄鋼スラグを使用する．

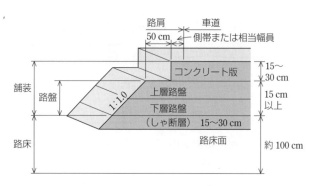

▲ コンクリート舗装の構成

3-7 主な土木工事

■ 土木が作るすごいもの

河 川

● 河川の種類
国内では河川法により,管理形態による河川の種類が定められている.

河川種類	内　容	河川管理者
一級河川	国土保全,国民経済上特に重要な水系として政令で指定する	国土交通大臣
二級河川	一級河川以外で,公共上重要な水系として都道府県知事が指定する	都道府県知事
準用河川	一級河川,および二級河川以外で市町村長が指定したもの	市町村長
普通河川	河川法の適用を受けない河川.市町村が条例などに基づき管理する	市町村長

● 河川の断面構造
① **定規断面**:計画高水量を安全に流下させるために必要な河川断面をいう.

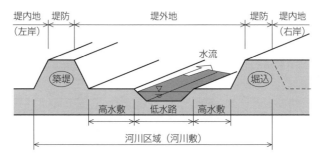

▲　河川定規断面

② **河川区域（河川敷）**:堤防の川裏の法尻から,対岸の堤防の川裏の法尻までの間の河川としての役割をもつ区域をいう.
③ **河川保全区域**:河岸または河川管理施設を保全するために必要な河川区域に隣接する50 m以内の区域をいう.
④ **堤外地,堤内地**:堤防から見て水が流れる河川側が「堤外地（川表）」,堤防により守られる市街地や農地のある方を「堤内地（川裏）」という.
⑤ **右岸,左岸**:上流から下流を見て右側を「右岸」,左側を「左岸」という.
⑥ **低水路**:河川敷において低水時に流下する部分をいう.
⑦ **高水敷**:河川敷において洪水時に流下する部分をいう.

河川水位

河川にはそれぞれの流量に対する水位が設定されている．

① **計画高水位（HWL）**：計画高水流量が流下する水位
② **最高水位（HHWL）**：観測期間中で最も高い水位
③ **豊水位（NfdWL）**：年間を通じ，95日間は下回らない水位
④ **平均水位（MWL）**：観測期間中の平均水位
⑤ **平水位（OWL）**：ある水位より高い水位と低い水位の回数が等しくなる水位
⑥ **低水位（LWL）**：年間を通じ，275日間は下回らない水位
⑦ **渇水位（DWL）**：年間を通じ，355日間は下回らない水位
⑧ **最低水位（LLWL）**：観測期間中で最も低い水位

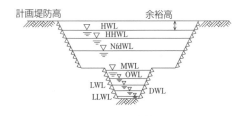

▲ 河川水位

堤防断面

計画高水位においても崩壊，漏水が生じない断面とし，右図のような標準断面を確保する．

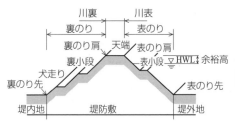

▲ 堤防断面と堤防の外観

護岸

流水に対して，堤防や河岸を保護するための工作物であり，下図のように，堤防のり面全体に施工する「堤防護岸」，高水敷以上の堤防を保護する「高水護岸」および低水路の乱れを防ぎ高水敷の洗掘防止をする「低水護岸」がある．

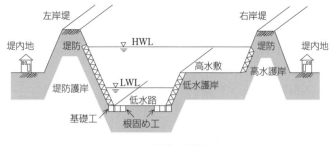

▲ 護岸の種類

道 路

◦ 道路の種類

道路とは「一般の交通の用に供する施設」と定義され，法律による区分をはじめ，利用主体，管理方式および機能による区分がある．

① **法律による道路区分**：下表により分類される．

法　律	道路名称など	法　律	道路名称など	法　律	道路名称など
道路法 高速自動車国道法	高速自動車国道	道路運送法	専用自動車道	自然公園法 都市公園法	公園道，自然研究路，園路
	一般国道		一般自動車道		
	都道府県道	土地改良法	農道	国有財産法	里道
	市町村道	森林法	林道	法律なし	私道

② **道路構造令による道路区分**：下表により分類される．

道路種類	地方部	都市部	備　考
高速自動車国道，専用自動車道	第一種	第二種	左欄の一～四種はさらに，計画交通量によりそれぞれが一級から五級に分類される．
その他の道路	第三種	第四種	

③ **利用主体による道路区分**：自動車，自転車，歩行者などが1つの道路断面を通行する道路を「一般道路」といい，他に「自動車専用道路」，「自転車専用道路」，「自転車歩行者専用道路」，「歩行者専用道路」に区分される．

④ **機能による道路区分**：生活圏構成の重要度により，右記に区分される．

3-7 主な土木工事

道路区分	内　容
主要幹線道路	主として地方生活圏および主要な都市圏域の骨格を構成し，各生活圏相互を連絡する道路で，トリップ長（1回の移動距離）が長く交通量も多い道路をいう．
幹線道路	地方生活圏内の二次生活圏の骨格を構成し，主要幹線道路を補完して二次生活圏相互を連絡する道路で，トリップ長が比較的長く交通量も比較的に多い道路をいう．都市部では近隣住区の外郭道路で，トリップ長が中・短で交通量も比較的多い道路をいう．
補助幹線道路	地方生活圏内の一次生活圏の骨格を構成し，幹線道路を補完して一次生活圏相互を連絡する道路をいう．都市部にあっては，近隣住区内の骨格を構成する道路をいう．
その他の道路	補助幹線道路から各戸口までのアクセス機能を主とした道路でトリップ長，交通量とも小さい道路をいう．

◦ 道路の構造

「道路構造令」により，道路区分ごとに，横断面，平面線形，縦断線形などが定められている．

① **横断面**：車道を主体として，必要に応じ中央帯，副道，路肩，環境施設帯（歩道，自転車および自転車歩行者道，植樹帯）によって構成される．

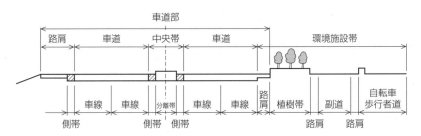

▲　道路横断図：4車線の場合

② **平面線形**：道路の平面線形は，直線，円曲線および緩和曲線（クロソイド）によって構成され，地形，道路区分，設計速度などにより組み合わせて設計を行う．

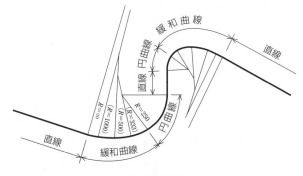

▲　平面線形

③ **縦断線形**：基本としては，直線と縦断曲線の2つの要素からなる．設計に際しては，縦断勾配，縦断曲線，合成勾配および走行性を考慮して決める．

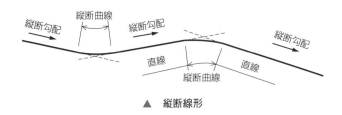

▲ 縦断線形

橋梁

橋梁の構成と名称

橋梁の一般形状は下図で表される．

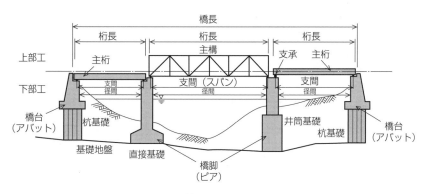

▲ 橋梁の標準断面図

① **上部工**：道路，鉄道，水路などの輸送路の通過荷重を直接支持する．
② **下部工**：上部構造を支える部分をいい，橋台，橋脚および基礎からなる．
③ **橋長**：橋台のパラペット前面間の距離をいう．
④ **支間（スパン）**：支承中心間の距離をいう．
⑤ **径間**：橋台あるいは橋脚の前面間の距離をいう．
⑥ **桁下高**：上部構造の下部に確保される空間の高さをいう．

橋の構造形式による種類

橋の構造形式としては，抵抗する部材構成により，それぞれ下記の種類がある．

① **主に曲げモーメントとせん断力に抵抗する部材構造**
　（1）**床版橋**：鉄筋コンクリート造の床版（スラブ）を使用した，最も単純な構造の橋である．一本の桁の両端を2点で支えるものを単純桁橋，3点以上で

支えるものを連続桁橋という．
(2) **ゲルバー橋**：連続桁橋の途中にヒンジ構造の継目を設けた橋で，地盤沈下の影響が少ない．
(3) **ラーメン橋**：主桁と橋脚あるいは橋台が剛接され，一体となって外力に抵抗する，ラーメン構造の橋である．門型，π型，函型などの種類がある．

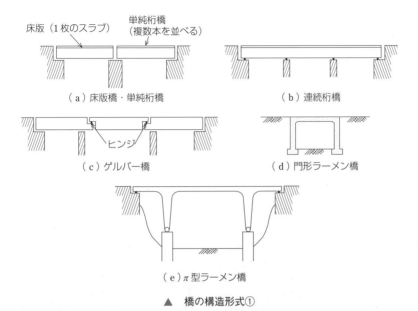

▲ 橋の構造形式①

② **主に軸力（引張り，圧縮）に抵抗する部材構造**
(1) **トラス橋**：直線部材をそれぞれトラス形状（三角に組み合わされた構造）とした橋で，応力が分散されるのでスパンの長い橋に適している．
(2) **アーチ橋**：主桁がアーチ形状となっており，両端で支える橋である．
(3) **タイドアーチ橋**：アーチの両端に作用する水平力をタイと呼ばれる水平材で受け持つ．
(4) **ランガー橋**：軸方向圧縮力をアーチリブで受け持ち，曲げモーメント，せん断力を補剛桁または補剛トラスで受け持つ構造の橋である．
(5) **ローゼ橋**：曲げモーメント，せん断力をアーチリブと桁の両方で受け持つ構造の橋である．
(6) **吊り橋**：ケーブルを主塔間に凹状に張り，橋体を吊るした橋で，長大橋に適している．
(7) **斜張橋**：橋脚上に設置した主塔から斜めにケーブルを張り，橋桁を支える構造の橋であり，景観的にも美しい姿をしている．

■第3章　土木一般

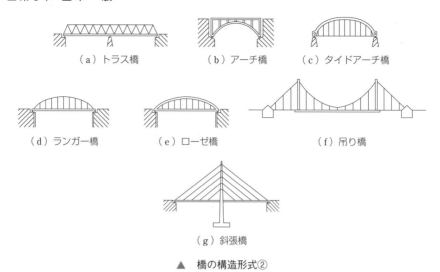

(a) トラス橋　(b) アーチ橋　(c) タイドアーチ橋
(d) ランガー橋　(e) ローゼ橋　(f) 吊り橋
(g) 斜張橋

▲　橋の構造形式②

(a) トラス橋

(b) アーチ橋

(c) ランガー橋

(d) 吊り橋

▲　橋の構造形式③

3-7 主な土木工事

ダ ム

● ダムの役割

　ダムの役割は，洪水調節をはじめとして，農業用水，工業用水，水道水，発電などの利水および河川流水機能維持などを目的としており，それぞれ単独の目的としたものと複数の目的を兼ね備えた多目的ダムがある．

分類	役　割	内　容	代表的ダム
治水	洪水調節	計画した水量を超えないようにピークカットし，水量を調節し洪水被害を軽減する．	加治川治水ダム 益田川ダム
	河川流水機能維持	河川の正常かつ一定流量を維持することで，魚類など河川生態系の保護を目的とする．	品木ダム（湯川） 坂本ダム（碓氷川）
利水	農業用水の補給	土地改良事業，かんがい排水事業などの整備事業の対象農地に農業用水を補給する．	大迫ダム（紀の川） 北山ダム（嘉瀬川）
	工業用水の供給	製鉄，製紙，精密機械などの工場操業などに欠かせない用水を供給する．	府中ダム（綾川） 河内ダム（板櫃川）
	上水道用水の供給	生活用水である飲料水，水洗用水などの上水道用水を確保し，供給する．	小河内ダム（多摩川） 笹流ダム（笹流川）
	発電	水位の落差を利用し発電を行い，工業用，家庭用などの電力を供給する．	黒部ダム 佐久間ダム（天竜川）
	レクリエーション	ダムを観光やボート競技などのスポーツの目的に利用するために，水位を維持する．	武庫川ダム（武庫川） 石井ダム（烏原川）
複合	多目的ダム	上記の複数の目的を兼ね備えたもので，大規模なダムが多い．特定多目的ダム（国交省直轄）と補助多目的ダム（都道府県），あるいは複数管理の多目的ダムがある．	奥三面ダム（三面川） 玉川ダム 宮ケ瀬ダム（中津川） 九頭竜ダム

▲　小河内ダム（上水道，東京都）

▲　佐久間ダム（発電，静岡県，愛知県）

■第3章 土木一般

▲ 玉川ダム（多目的，秋田県）

ダムの型式

ダムの型式としては，主にコンクリートダムとフィルダムに大別される．
① **コンクリートダム**：コンクリートの重量や圧縮力を利用したダム

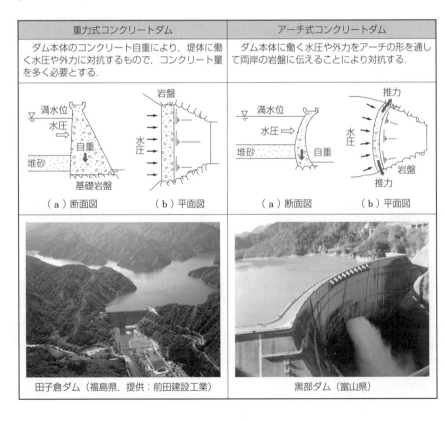

② **フィルダム**：岩石や土を積み上げて造るダムで，その比率によりロックフィルダム，アースフィルダムに分けられる．

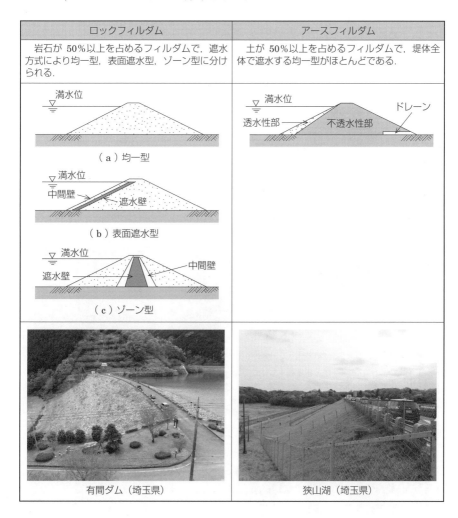

トンネル

● トンネルの定義

① トンネルとは，1970年のOECD会議で「計画された位置に所定の断面寸法をもって設けられた地下構造物で，施工法は問わないが仕上がり断面積が$2\,\mathrm{m}^2$以上のもの」と定義されている．

② 一般的には，「2地点間の交通と物資の輸送あるいは貯留などを目的とし，建設される地下の空間」で，断面の高さあるいは幅に比べて軸方向に細長い地下空間をいう．

● 用途別の分類

交通用（道路）トンネル	交通用（鉄道）トンネル	交通用（地下鉄など）トンネル
主に道路におけるトンネルで，高速道路，一般道および歩道用がある．	主に鉄道におけるトンネルで，新幹線，在来線およびケーブルカーやトロッコ用もある．	ほぼ全線が地下をもぐる地下鉄や地下駐車場などもトンネルの種類に含まれる．

水路用トンネル	都市施設用トンネル	その他地下空間
上水道，工業用水，農業用水などの送水のためのトンネルや水力発電およびダムの仮排水トンネルなどがある．	電力，ガス，通信，下水道などのライフラインのためのトンネルで，これらを1つにまとめた共同溝も含まれる．	石油，ガスなどの備蓄のための地下施設，都市における洪水調節用の地下貯留施設および地下街も含まれる．

（提供：村上広）

● 施工方法による種類

種類	内容	代表的な工法
山岳工法トンネル	発破，機械により掘削後，吹付けコンクリート，ロックボルト，支保工により地山の安定を確保して掘進する工法であり，NATM工法が標準となっている。	NATM工法
	掘削時の切羽の自立が適用の前提条件となる。	
シールド工法トンネル	シールドマシンを地中において掘進させ，抗壁をシールド外殻およびセグメントにより保持し土砂の崩壊から守り，トンネルを構築する工法である。	シールド工法
	密閉型シールドと開放型シールドの2種類がある。	
開削工法トンネル	地表面から掘削し，所定の位置にボックスカルバートやアーチカルバートなどのトンネル構造物を構築後に埋め戻し，地表面を復旧する。	開削工法
	施工上の制約はあまり受けない。	
沈埋工法トンネル	地上においてあらかじめ，分割した函体などのトンネル構造物を構築し，船舶などで所定の場所に移動し海底などに沈めてから接合をする。	沈埋工法
	水密性の確保が重要となる。	

上下水道

● 上水道の施設

上水道の施設としては，大別して水源施設，浄水施設，送水施設がある．

① **水源施設**：取水源に設置する施設で，ダムにおいては取水塔，河川においては取水堰や取水樋門，地下水からの取水には，井戸および揚水機場などがある．その他，水量変動に対応するための貯留施設としての貯水池がある．

② **浄水施設**：取水源から送られてきた原水を，水処理により不純物を除去，飲用等使用目的の水質に浄化する施設である．一般的には沈殿，ろ過，消毒3つの過程を経て給水され，都市地域では，主に薬品を用いた急速ろ過が行われる．

▲ 長沢浄水場（急速ろ過）（提供：植木誠）

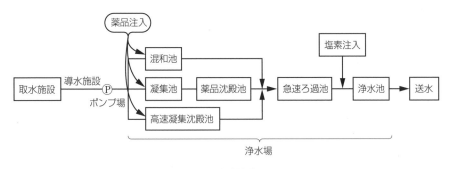

▲ 浄水施設

③ **送水施設**：取水源から給水地点までの経路により，次の種類に分類される．
 (1) **導水路**：取水源から浄水場までの水路で，開渠またはトンネル及びパイプラインとなる．
 (2) **送水路**：浄水場から配水池までの水路で，汚染防止のためにパイプラインとなる．

(3) **配水路**：配水池から各給水エリアに分配する水路で，網状に配水することにより，1地点に2方向からの供給が可能とする．
(4) **給水路**：配水管から分岐し，各家庭の給水栓，ビルやマンションの受水層等の個人の敷地内に敷設される管路をいう．

下水道の排水方式

下水の排水には大別して雨水排水と汚水排水があり，その排水方式により，合流式と分流式に分けられる．

① **合流式**：雨水と汚水を同一の系統で流下させるもので，一般的には雨水量のほうが汚水量よりも多いので，管路断面は雨水量で決定される．雨水排水が主目的の場合には有利となるが，汚水中の浮遊物により水質汚染が生じる恐れがある．

② **分流式**：雨水と汚水を別々の系統で流下させるもので，2系列となり建設費は高くなるが，水質汚染の影響は少なく，目的に応じた効率的な処理ができる．近年は，分流式の採用が多く見られる．

▲ 合流式

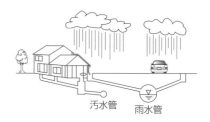

▲ 分流式

下水処理場

送られてきた下水を浄化し，河川や海へ放流する施設で，正式には終末処理場と定義される．浄化センター，水再生センターと呼ばれることもあり，主に水処理施設と汚泥処理施設に分けられる．

以下に代表的な下水処理場のシステムを示す．

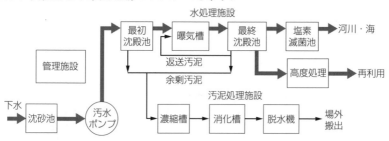

▲ 下水処理システム

土木豆辞典

■ 土木用語（2）

名　称	説　明
あばた（じゃんか）	コンクリートの表面に骨材が出たり，空洞が出来る状態をいう．コンクリート打設時の締固め不足が原因．
犬走り	河川やため池の堤防の下流斜面の一番下にある水平部分をいう．犬は魔物を監視するものとして，漏水という魔物を監視するために犬が走り回る通路の意味をいう．
掛樋（かけひ）	水路橋の昔の呼び名．
かまぼこ	築堤や路盤において，沈下を見込んで表面をかまぼこ形に少し高く仕上げること．
がん首	コンクリートをシュートで流し込む時，方向転換するための回転接合部．
ころび	擁壁や橋脚等の躯体の縦の傾斜角のこと（度で表す）．
さいころ（キャラメル）	鉄筋と鉄筋あるいは型枠との間隔を保つためにはさむ，モルタルまたはコンクリートの小さなブロック．
立っぱ	地面や床面から床版下面までの垂直の高さ．
ちょうちん	高いところからコンクリートを打設する時に使用する円錐形のろうと管でコンクリートの分離防止となる．
堤外地	河川や池の堤防の水のある側．
堤内地	逆に堤防に守られている集落のある側．
天端（てんば）	道路築堤や河川堤防あるいは構造物の最頂部のこと．
のり（法）	堤防などの土砂斜面の傾斜または石積みや擁壁などの斜面の傾斜（のり勾配は1割5分のように表す）．
ユンボ	バックホウの1機種だが，国産初だったのでバックホウの代名詞のようになった．

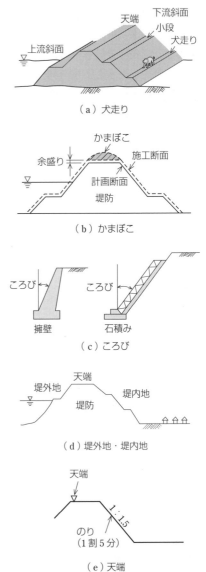

（a）犬走り

（b）かまぼこ

（c）ころび

（d）堤外地・堤内地

（e）天端

第4章

建設関連法規

コンプライアンスをしっかりと

4-1 建設業法

■ 建設業の健全な発達を促進する

総則

● 目的(第1条)
建設業法では,「公共の福祉の増進に寄与すること」を大命題として,下記の目的が定められている.
① 建設業を営む者の資質の向上
② 請負契約の適正化
③ 建設工事の適正な施工の確保
④ 発注者の保護
⑤ 建設業の健全な発達の促進

● 建設工事と業種(第2条)
建設工事には,下記の28種類の工事種類とこれに対応する業種があり,業種別に許可が必要となる.

土木一式工事	建築一式工事	大工工事	左官工事	とび・土工・コンクリート工事
石工事	屋根工事	電気工事	管工事	タイル・れんが・ブロック工事
鋼構造物工事	鉄筋工事	舗装工事	しゅんせつ工事	板金工事	ガラス工事
塗装工事	防水工事	内装仕上工事	機械器具設置工事	熱絶縁工事	電気通信工事
造園工事	さく井工事	建具工事	水道施設工事	消防施設工事	清掃施設工事

● 指定建設業
特に7業種(土木一式工事,建築一式工事,鋼構造物工事,舗装工事,電気工事,造園工事,管工事)については,総合的な施工技術を要する業種とされ,専任技術者は1級国家試験資格者・技術士法の技術士に限られ,さらに厳しい要件が求められる.

建設業の許可(第3条)

● 許可の要件
① **国土交通大臣許可**:2つ以上の都道府県に営業所を設けて営業する場合.
② **都道府県知事許可**:1つの都道府県のみに営業所を設けて営業する場合.
③ **適用除外**:請負金額1500万円未満の建築一式工事
　　　　　　　延べ面積150 m² 未満の木造住宅工事
　　　　　　　建築一式工事以外で500万円未満の建設工事

④ 特定建設業許可と一般建設業許可

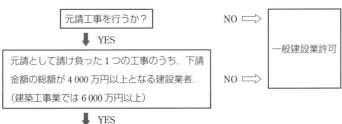

請負契約（第18条）

　建設工事の請負契約の当事者は，対等な立場における合意に基いて下記項目について公正な契約を締結し，信義に従って誠実に履行しなければならない（第2章2-5節「契約」参照）．

条	項　目	内　容
第19条	契約内容	「工事内容，請負代金の額，工期，支払の時期及び方法，各種変更の取扱い，各種損害の負担に関する取扱い」について書面に記載する．
第19条の2	現場代理人の選任	請負人は現場代理人や監督員の選任等の通知及びそれぞれの権限と意見の申出方法について発注者に通知する．
第22条	一括下請負の禁止	①建設業者は請け負った建設工事を，一括して他人に請け負わせてはならない． ②元請負人があらかじめ発注者の書面による承諾を得た場合は適用しない．

施工体制台帳及び施工体系図の作成（第24条の7）

● **施工体制台帳**（第5章5-3「施工体制台帳・施工体系図」参照）
　特定建設業者は，下請負人の名称，工事内容，工期等を記載した施工体制台帳を，工事現場ごとに据え置き，発注者から請求があったときは，閲覧に供さなければならない．

● **施工体系図**（第5章5-3「施工体制台帳・施工体系図」参照）
　特定建設業者は，各下請負人の施工の分担関係を表示した施工体制図を作成し，工事現場の見やすい場所に掲げなければならない．

施工技術の確保（第25条の25）

建設業者は，施工技術の確保のために下記について技術者の設置および講習等を行わなければならない．

条	項 目	内 容
第26条	主任技術者	建設工事を施工する建設業者は，施工技術の管理を担当する一定の資格や実務経験を有する主任技術者を置く（主任技術者は現場代理人を兼ねられる）．
第26条	監理技術者	元請けとなる特定建設業者が4 000万円（建築工事業は6 000万円）以上を下請施工させる場合は，主任技術者に代えて監理技術者を置く．
第26条	専任の技術者	公共性のある重要な工事で，工事1件の請負代金が3 500万円（建築工事業は7 000万円）以上の場合は主任技術者又は監理技術者は現場ごとに専任とする．
第26条	監理技術者資格者証	公共工事において専任が必要とされる監理技術者は，監理技術者資格者証の交付を受けた者（かつ，国土交通大臣の登録を受けた講習を受講した者）で，5年毎の更新とする．
第26条の3	主任技術者，監理技術者の職務	建設工事の施工計画の作成，工程管理，品質管理，その他の技術上の管理及び施工従事者の技術上の指導監督を行う．
第27条	技術検定	「建設機械施工，土木施工管理，建築施工管理，電気工事施工管理，管工事施工管理，造園施工管理」の種目に関しては，学科試験及び実地試験の技術検定を行う．

4-2 労働基準法

■ 働く者の労働条件を守る

労働基準法は，社会的，経済的に弱い立場にある労働者を保護し，使用者と対等の立場におくための法律である．

総則

条	項目	内容
第1条	労働条件の原則	①労働者が人たるに値する生活を営むための必要を満たすべきものである． ②労働条件の向上を図るように努める．
第2条	労働条件の決定	①**労働者と使用者が対等な立場**で決定する． ②労働協約，就業規則および労働契約を遵守する．
第3条	均等待遇	国籍，信条又は社会的身分を理由にして，賃金，労働時間及び労働条件について差別的取り扱いをしてはならない．
第4条	同一賃金の原則	賃金において男女で差別的取り扱いをしてはならない．
第5条	強制労働の禁止	暴行，脅迫，監禁等の不等手段により労働を強制してはならない．
第6条	中間搾取の排除	他人の就業に介入して利益を収得してはならない．
第7条	公民権行使の保障	労働時間中における選挙権等の公民権行使の請求を拒んではならない．但し，時間の変更はできる．
第15条	労働条件の明示	労働契約の締結に際し，労働者に対し次の事項を明示しなければならない． 「労働契約期間，就業場所，従事すべき業務，始業，終業時刻，休憩時間，休日，休暇，賃金の決定，計算支払方法，退職に関する事項等」 (法規則5条)

労働者の解雇

条	項目	内容
第18条の2	解雇	客観的に合理的理由がない場合は，解雇は無効とする．
第19条	解雇制限	業務上の負傷，疾病による療養休業期間及びその後30日間並びに産前産後の休業期間及びその後30日間は解雇してはならない．
第20条	解雇の予告	少なくとも**30日前には予告**をし，30日前に予告しない場合は，30日分以上の平均賃金を支払わなければならない．
第21条	解雇の予告 (適用除外)	解雇の予告については，次に該当する者は適用をしない． 「日日の雇入れ，2か月以内の期間限定，季節業務4か月以内の期間限定，試の使用期間中の者」

賃 金

条	項 目	内 容
第24条	賃金の支払い	賃金は原則として，「通貨で，直接労働者に，その全額を，毎月1回以上，一定の期日」を決めて支払わなくてはならない（**賃金の五原則**）．
第26条	休業手当	使用者の責任による休業の場合は，6割以上の手当を支払わなくてはならない．

労働時間，休憩，休日及び年次有給休暇

条	項 目	内 容
第32条	労働時間	①休憩時間を除き1週40時間以上労働させてはならない． ②1日について休憩時間を除き8時間以上労働させてはならない．但し，労働組合あるいは代表者との協定により，労働時間の増減は可能である（第32条の2～第32条の5）．
第34条	休憩	労働時間が6時間を超える場合は45分，8時間を超える場合は1時間を与えなければならない．
第35条	休日	毎週少なくとも1回あるいは4週間を通じて4日以上の休日を与える．
第36条	時間外及び休日の労働	①労働組合あるいは代表者との書面による協定により，時間外及び休日の労働をさせることができる． ②坑内労働等の有害な業務の時間外労働は，1日2時間を超えてはならない．
第37条	割増賃金	時間外，休日及び深夜に労働させた場合は，2割5分～5割の範囲内の割増賃金を支払わなければならない．
第38条	時間計算	①事業場が異なる場合の労働時間については通算する． ②坑内労働は，休憩を含め労働時間とみなす．
第39条	年次有給休暇	6ヶ月間継続勤務し，全労働日の8割以上の出勤者に対し，10日の有給休暇を与えなければならない．

年少者・女性の就業制限

条	項目	内容
第56条	最低年齢	児童が満15歳に達した日以後の最初の3/31が終了するまで使用できない。
第61条	深夜業	午後10時から午前5時までの18歳未満の者は使用してはならない。但し、交替制の場合は16歳以上の男性は可とする。
第62条	危険有害業務の就業制限	18歳未満の者に、次の危険業務をさせてはならない。「重量物取扱業務、危険物取扱業務、クレーン、デリック又は揚荷装置の運転業務、クレーン、高さ5m以上の墜落の恐れのある所での業務、足場の組立、解体、変更の業務、土砂崩壊のおそれ又は深さ5m以上の地穴での作業」
第63条 第64条の2	坑内労働	①18歳未満の者を坑内で労働させてはならない。 ②女性は18歳以上でも坑内労働は禁止する。
第64条の3	妊産婦	妊娠中の女性は、重量物取扱業務及び有害ガス発散場所での業務に就かせてはならない。
第65条	産前産後	①産前において、6週間以内に出産する予定の女性が休業を請求した場合には、就業させてはならない。 ②産後において、産後8週間を経過しない女性を就業させることができない。 ③ただし、産後6週間を経過した女性が請求した場合において、医師が支障がないと認めた業務に就かせることは、差し支えない。
第66条	産前産後	妊産婦が請求した場合には、時間外労働、休日労働、深夜業をさせてはならない。

ワンポイントチェック！　育児休業

「育児介護休業法」により、男女を問わず子が1歳に達するまでの間に取得できる。ただし、やむを得ない事情がある場合は1歳6カ月まで延長ができる。

4-3 労働安全衛生法

■ 働く者の安全と健康を確保する

目的（第1条）

労働災害の防止のため，職場における労働者の安全と健康を確保するとともに，快適な職場環境の形成を促進することを目的とする．

安全衛生管理体制（第10条～第19条）

元請，下請別および現場の規模により選任すべきもの，および職務・要件は下記のとおりである．

●単一事業所での安全衛生管理組織

① **総括安全衛生管理者**：常時100人以上の労働者を使用する事業所にて選任し，「危険および健康障害の防止，安全衛生教育の実施，健康診断の実施，労働災害の原因調査および対策の実施」を行う．
② **安全管理者**：常時50人以上の労働者を使用する事業所にて選任し，安全に係る技術的事項の管理を行う．
③ **衛生管理者**：常時50人以上の労働者を使用する事業所にて選任し，衛生に係る技術的事項の管理を行う．
④ **産業医**：常時50人以上の労働者を使用する事業所にて医師から選任し，月1回は作業場を巡視する．

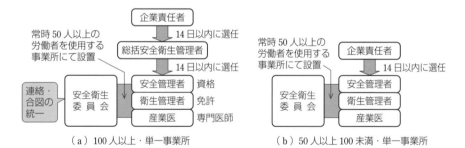

▲ 単一事業所での安全衛生管理組織

● 複数企業混在事業所での安全衛生管理組織（元請，下請が混在）

① **統括安全衛生責任者**：複数企業が**常時50人以上**の労働者を使用する事業所にて選任し，「協議組織の設置・運営，作業間の連絡調整，作業場所の巡視，安全衛生教育の指導援助，労働災害防止」などを行う（隧道，圧気，橋梁工事の場合は**常時30人以上**）．

② **元方安全衛生管理者**：複数企業が**常時50人以上**の労働者を使用する事業所にて選任し，「協議組織の設置・運営，作業間の連絡調整，作業場所の巡視，安全衛生教育の指導援助，工程，機械設備の配置計画，労働災害の防止，左記各項の技術的事項管理」を行う．

③ **安全衛生責任者**：複数企業が**常時50人以上**の労働者を使用する事業所にて選任し，統括安全衛生責任者への連絡および関係者への連絡を行う．

④ **安全衛生推進者**：複数企業が**10人以上50人未満**の労働者を使用する事業所にて選任し，安全衛生責任者に準じた職務を行う．

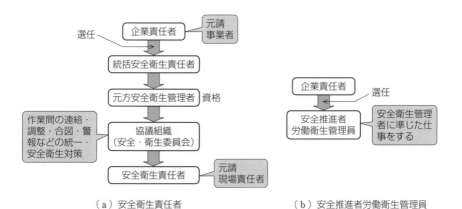

▲ 複数企業混在事業所での安全衛生管理組織

作業主任者（第14条）

◦作業主任者を選任すべき主な作業（労働安全衛生法施行令第6条）

作業主任者	作業内容	資　格※
高圧室内作業主任者	高圧室内作業	免許
ガス溶接作業主任者	アセチレン・ガス溶接	免許
コンクリート破砕機作業主任者	コンクリート破砕機作業	技能
地山の掘削及び土止め支保工作業主任者	2m以上の地山掘削及び土止め支保工作業	技能
ずい道等の掘削等作業主任者	ずい道等の掘削作業，これに伴うずり積み，ずい道支保工の組立て作業	技能
型枠支保工の組立等作業主任者	型枠支保工の組立て，解体の作業	技能
足場の組立等作業主任者	吊り足場，張出足場又は5m以上の構造の足場の組立，解体の作業	技能
鉄骨の組立等作業主任者	金属製の建築物の骨組み又は塔（高さ5m以上）の組立て，解体作業	技能
鋼橋架設等作業主任者	鋼橋（高さ5m以上，スパン30m以上）架設	技能
コンクリート造の工作物の解体等作業主任者	コンクリート造の工作物（高さ5m以上）の解体	技能
コンクリート橋架設等作業主任者	コンクリート橋（高さ5m以上，スパン30m以上）架設	技能
酸素欠乏危険作業主任者	酸素欠乏危険場所における作業	技能

※免許：免許を受けた者　技能：技能講習を修了した者

◦作業主任者の職務

作業主任者の職務として，下記の4点が定められている．
① 材料の欠点の有無を点検し，不良品を取り除くこと．
② 器具，工具，安全帯および保護帽の機能を点検し，不良品を取り除くこと．
③ 作業の方法および労働者の配置を決定し，作業の進行状況を監視すること．
④ 安全帯および保護帽の使用状況を監視すること．

安全衛生教育（第59, 60条）

事業者は，労働者を危険または有害な業務に就かせるときは，安全または衛生のための特別の教育を行わなければならない．

教育の種類および内容	①新規雇入時教育：作業員を新規に雇入れた時 ②新規雇入時教育の準用：作業内容の変更時 ③職長教育：新規の職長及び指導，監督者
特別教育を必要とする業務	①アーク溶接機を用いて行う金属の溶接，溶断などの作業 ②最大荷重1t未満のフォークリフトの運転（路上走行を除く） ③最大荷重1t未満のショベルローダの運転（路上走行を除く） ④最大積載量1t未満の不整地運搬車の運転（路上走行を除く） ⑤つり上げ荷重5t未満のクレーンの運転 ⑥つり上げ荷重1t未満の移動式クレーンの運転（路上走行を除く） ⑦つり上げ荷重5t未満のデリックの運転 ⑧建設用リフトの運転 ⑨つり上げ荷重1t未満のクレーン等の玉掛け業務 ⑩作業床の高さが2m以上10m未満の高所作業車の運転（路上走行を除く）

就業制限（第61条）

免許を受けた者が就ける業務	①つり上げ荷重5t以上のクレーンの運転 ②つり上げ荷重1t以上の移動式クレーンの運転
技能講習修了者が就ける業務	①つり上げ荷重1t以上5t未満の移動式クレーンの運転 ②3t以上の車両系建設機械の運転 ③最大積載量1t以上の不整地運搬車の運転 ④つり上げ荷重1t以上のクレーン等の玉掛け業務 ⑤作業床の高さが10m以上の高所作業車の運転

第4章 建設関連法規

計画の届け出（第88条）

工事開始30日前までに 厚生労働大臣に届ける （法第88条第3項）	①長さ3 000 m以上のずい道建設 ②長さ1 000～3 000 mのずい道建設で，立坑50 m以上の掘削 ③ゲージ圧力0.3 MPa以上の圧気工事 ④堤高150 m以上のダム建設 ⑤最大支間500 m以上（つり橋は1 000 m）の橋梁建設堤高150 m のダム建設 ⑥高さ300 m以上の塔の建設
工事開始30日前までに 労働基準監督署長に届ける （法第88条第1，2項）	①アセチレン溶接装置（移動式を除く） ②軌道装置の設置／型枠支保工（支柱3.5 m以上） ③架設通路（高さ及び長さ10 m以上） ④足場（吊り足場，張出足場，高さ10 m以上） ⑤機械類の設置（3 t以上のクレーン，2 t以上のデリック，1 t以上のエレベータ）
工事開始14日前までに 労働基準監督署長に届ける （法第88条第4項）	①高さ31 mを超える建築物，工作物の建設，改造，解体，破壊 ②最大支間50 m以上の橋梁建設 ③最大支間30～50 mの橋梁上部工建設 ④ずい道建設（内部に人が入るもの） ⑤掘削高さ10 m以上の地山掘削 ⑥掘削高さ10 m以上の土石採取のための掘削 ⑦坑内掘りによる土石採取のための掘削 ⑧圧気工法による作業

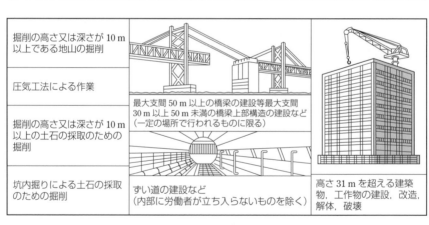

▲ 法第88条第4項の厚生労働省令で定める仕事の範囲

4-4 道路交通関係法令

■ 道路と車と歩行者の交通を守る

道路法（公共用道路の管理，構造，保全が目的）

条	項目	内容
第32条	道路の占用許可	道路に次のような工作物，施設を設け，継続して道路を使用する場合は道路管理者の許可を受ける。①水道，下水管，ガス管，②鉄道，軌道，③歩廊，雪よけ，④地下街，地下室，通路，⑤電柱，電線，変圧塔，郵便箱，⑥露店，商品置場
第40条	原状回復	占用期間の満了あるいは廃止した場合は，工作物，物件等を除却し，道路を原状に回復する。
第43条	禁止行為	道路の損傷又は汚損及び土石，竹木等のたい積等交通に支障のある行為を禁止する。
第43条の2	落下予防措置	積載物の落下により道路の損傷又は汚損等交通に支障を及ぼすおそれがあるときは，運転者に対し通行中止，積載方法の是正を命令できる。

車両制限令（道路法）（道路を通行する車両の規格）

条	項目	内容
第3条	車両の幅等の最高限度	道路を通行する車両の規格が以下のように定められている。①幅：2.5 m，②長さ：12 m，③高さ：3.8 m（又は4.1 m）④重量（総重量：20 t（又は25 t），軸重：10 t，輪荷重：5 t）⑤最小回転半径：12 m（車両の最外側のわだちについて）
第8条	カタピラ車の通行制限	カタピラ車は下記の場合を除き，舗装道路は通行できない．①カタピラの構造が路面を損傷しない場合，②除雪のために使用する場合，③路面を損傷しない措置が取られている場合
第12条	特殊車両の特例	車両制限を超えて通行する場合は道路管理者の許可が必要である。

車両制限令

重量
イ　総重量20 t（又は25 t）
ロ　軸重10 t
ハ　輪荷重5 t

道路交通法(道路利用者と車両の交通安全と円滑を図る)

条	項目	内容
第57条	乗車又は積載の制限	道路通行車両の乗車,積載の制限が以下のように定められている. ①長さ:(自動車の長さ×1.1)m以下 ②幅:自動車の幅以下, ③高さ:3.8 m

乗車・積載制限

条	項目	内容
第57条 第3項	制限外の許可	やむを得ず分割できない積載物を積載する場合は,出発地の警察署長の許可が必要となる.
第59条	牽引制限	牽引用の構造及び装置を有し,全長が25 m以内であること又は公安委員会の許可を得た場合は通行できる.

牽引制限

条	項目	内容
第76条	禁止行為	①信号機,道路標識又は類似工作物のみだりな設置禁止 ②信号機,道路標識の効用を妨げる工作物等の設置禁止 ③交通の妨害となる物の放置
第77条	道路の使用許可	道路において次のような行為をする場合は警察署長の許可を受ける. ①道路における工事,作業(仮設備,足場,材料置き場含む) ②工作物の設置(石碑,銅像,広告板等) ③露店,屋台の出店 ④祭礼,ロケーション等,一般交通に著しい影響を及ぼす行為

4-5 騒音・振動規制法

■ 静かな生活環境を守る

特定建設作業（騒音・振動規制法共に第2条）

● 騒音規制法

建設工事の作業のうち，著しい騒音・振動を発生する作業として下記の作業が定められている（作業を開始した日に終わるものは除外する）．

	特定建設作業	適用除外
騒音規制法	くい打機，くい抜機，くい打くい抜機を使用する作業	くい打機はもんけんを除く． 圧入式くい打くい抜機を除く． くい打機をアースオーガと併用する作業を除く．
	びょう打機を使用する作業	
	削岩機を使用する作業	1日の作業の2点間の最大移動距離が50mを超える作業を除く．
	空気圧縮機を使用する作業（電動機以外の原動機出力が15 kW以上）	電動機を使用した作業を除く． 削岩機の動力として使用する作業を除く．
	コンクリートプラント（混練容量0.45 m³以上のもの）	モルタルを製造するための作業を除く．
	アスファルトプラント（混練重量200 kg以上のもの）	混練重量が200 kg未満のものを除く．
	バックホウ	原動機出力が80 kW未満のものを除く．
	トラクターショベル	原動機出力が70 kW未満のものを除く．
	ブルドーザ	原動機出力が40 kW未満のものを除く．
振動規制法	くい打機，くい抜機，くい打くい抜機を使用する作業	もんけん及び圧入式くい打機を除く． 油圧式くい抜機を除く． 圧入式くい打くい抜機を除く．
	鋼球を使用して工作物を破壊する作業	
	舗装版破砕機	1日の作業の2点間の最大移動距離が50mを超える作業を除く．
	ブレーカ	1日の作業の2点間の最大移動距離が50mを超える作業を除く． 手持式ブレーカを除く．

指定地域（騒音・振動規制法共に第3条）

規制地域の指定

住民の生活環境を保全するため下記の条件の地域を規制地域として指定する．

① 良好な住居環境の区域で静穏の保持を必要とする区域
② 住居専用地域で静穏の保持を必要とする区域
③ 住工混住地域で相当数の住居が集合する区域
④ 学校，保育所，病院，図書館，特養老人ホームのからそれぞれ**周囲 80 m** の区域

① 良好な住居環境の区域

② 住居専用地域

③ 住工混合地区で相当数の住居が集合する区域

④ 学校，保育所，病院，図書館，老人ホーム等の存在する区域

▲ 指定地域の規準

規制基準（騒音・振動規制法共に第15条）

規制基準としては下記の点が定められている（音量，振動以外は共通）．

規制項目	指定区域	指定区域外
作業禁止時間	午後7時から翌日の午前7時まで	午後10時から翌日の午前6時まで
1日当たりの作業時間	1日10時間まで	1日14時間まで
連続日数	連続して6日を超えない	
休日作業	日曜日その他の休日には発生させない	
規制数値	音量が敷地境界線において85デシベルを超えない．振動が敷地境界線において75デシベルを超えない．	

※災害・非常事態，人命・身体危険防止の緊急作業については上記規制の適用を除外する．

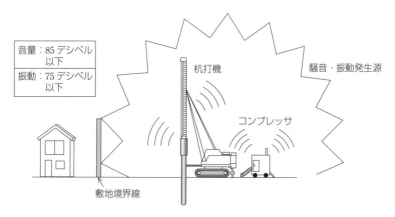

▲　騒音・振動規制法

実施の届け出（騒音・振動規制法共に第14条）

● 特定建設作業に関する規制

指定地域内で特定建設作業を行う場合に，7日前までに市町村長へ届け出る．但し，災害など緊急の場合はできるだけ速やかに届け出る．

● 届け出の内容

① 建設する施設または工作物の種類
② 特定建設作業の場所および実施の期間
③ 騒音の防止の方法
④ 特定建設作業の種類と使用機械の名称，形式
⑤ 作業の開始および終了時刻
⑥ 添付書類（特定建設作業の工程が明示されたもの）

4-6 その他施工関連法令

■ 社会基盤を守る不可欠な決まり

各種労働安全衛生法令

「労働安全衛生法」以外にも，各工種の労働安全については下記のような安全規則等が制定されている（第7章「安全管理」参照）．

- 労働安全衛生規則
- クレーン等安全規則
- ゴンドラ安全規則
- 有機溶剤中毒予防規則
- 高気圧作業安全衛生規則
- 酸素欠乏症等防止規則
- 粉じん障害防止規則
- 建設工事公衆災害防止対策要綱（土木工事編）

河川法（区域および管理）

条	項目	定義
第3条	河川	一級河川及び二級河川をいい，河川管理施設も含む．
	河川管理施設	河川の流水によって生ずる公利を増進し，公害を除却，軽減する効用を有する施設（ダム，堰，水門，堤防，護岸，床止め，樹林帯等）
第4条	一級河川	国土保全，国民経済上特に重要な河川で国土交通大臣が指定したもの．
第5条	二級河川	一級河川以外で公共の利害に重要な河川で都道府県知事が指定したもの．
第100条	準用河川	一級河川，二級河川以外で市町村長が指定したもの．
第6条	河川区域	堤防の川裏ののり尻から，対岸の堤防の川裏ののり尻までの間の河川としての役割をもつ区域
第54条	河川保全区域	河岸又は河川管理施設を保全するために必要な河川区域に隣接する50m以内の区域

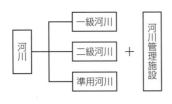 

▲ 河川法

河川管理者の許可

条	項目	内容
第23条	流水の占用	河川の流水を占用する.
第24条	土地の占用	河川区域内の土地を占用する.
第25条	土石等の採取	河川区域内の土地で土石（砂を含む）を採取する.
第26条	工作物の新築等	河川区域内の土地で工作物を新築，改築，除去をする.
第27条	土地の掘削	河川区域内の土地で土地の掘削，盛土，切土等土地の形状を変更する.
第55条	河川保全区域内での許可	・土地の掘削，盛土又は切土その他土地の形状を変更する行為 ・工作物の新築又は改築
令第15条の4	許可不要な軽易な行為	・河川管理施設から10m離れた土地の耕うん. ・取水口，排水口付近に積った土砂の排除.

建築基準法

● 確認申請が必要な建築物（第6条）

【都市計画区域内外を問わず全域】

① 特殊建築物→**床面積の合計＞ 100 m²**
  (1) 劇場，映画館，演芸場，公会堂，集会場，観覧場
  (2) 病院，診療所（収容施設あり），ホテル，旅館，共同住宅，寄宿舎，児童福祉施設等
  (3) 学校，体育館，博物館，美術館，図書館，ボウリング場，スキー場，スケート場，水泳場，スポーツ練習場
  (4) 百貨店，マーケット，展示場，キャバレー，カフェ，ナイトクラブ，バー，ダンスホール，公衆浴場，料理店，飲食店，店舗（10 m²以内を除く）
  (5) 倉庫

② 木造建築物→**階数≧ 3，延べ面積＞ 500 m²，高さ＞ 13 m，軒高＞ 9 m**

③ 木造建築物以外→**階数≧ 2 または延べ面積＞ 200 m²**

【都市計画区域，準都市計画区域，準景観地区または知事の指定区域】
上記①～③を除くすべての建築物（規模の指定なし）

● 仮設建築物の緩和規定（第85条第2項）

次に該当する場合については，建築基準法の緩和規定がある．

① 災害により破損した建築物の応急の修繕または国・地方公共団体または日本赤十字社が災害救助のために建築する場合．

② 被災者が自ら使用するために建築し，延べ面積30 m²以内のものに該当する

応急仮設建築物の建築物で，その災害が発生した日から1月以内に工事に着手する場合．
③ 災害があった場合において建築する停車場や官公署，その他これらに類する公益上必要な用途のための応急仮設建築物，または工事を施工するために現場に設ける事務所・下小屋・材料置き場などに該当する仮設建築物（ただし，設計および工事監理，構造耐力，50 m² 超の防火地域の屋根，電気設備の安全および防火に関する規定については，緩和されずに建築基準法が適用される）．

● 建築基準法（第85条第2項）の適用除外と適用規定

条	内 容
(1) 建築基準法のうち適用されない主な規定	
第6条	建築確認申請手続き
第7条	建築工事の完成検査
第15条	建築物を新築または除去する場合の手続き
第19条	建築物の敷地の衛生および安全に関する規定
第43条	建築物の敷地は道路に2 m以上接する
第52条	延べ床面積の敷地面積に対する割合（容積率）
第53条	建築面積の敷地面積に対する割合（建ぺい率）
第55条	第1種低層住居専用地域などの建築物の高さ
第61条	防火地域内の建築物
第62条	準防火地域内の建築物
第63条	防火地域または準防火地域内の屋根の構造（50 m² 以内）
第3章	「集団規定（第41条の2～第68条の9）」 都市計画区域，準都市計画区域内の建築物の敷地，構造，建築設備に関する規定
(2) 建築基準法のうち適用される主な規定	
第5条の4	建築士による建築物の設計および工事監理
第20条	建築物の自重，積載荷重，積雪，風圧，地震などに対する安全構造
第28条	事務室などの採光および換気のための窓の設置
第29条	地階における住宅などの居室の防湿措置
第32条	電気設備の安全および防火
(3) 防火地域内および準防火地域内に50 m² を超える建築物を設置する場合	
建築基準法第63条の規定が適用され，屋根の構造は次のいずれかとする． ① 不燃材料で造るかまたは葺く ② 準耐火構造の屋根（屋外に面する部分を準不燃材料で造ったもの） ③ 耐火構造の屋根の屋外面に断熱材および防水材を張ったもの	

4-6 その他施工関連法令

火薬類取締法

条	項目	内容
第11条	貯蔵	・火薬類は火薬庫に貯蔵する。 ・火薬収納箱は内壁から 30 cm 離し、高さ 1.8 m の平積みとする。 ・火薬庫から火薬を取り出すときは古いものから使用する。 ・帳簿は火薬庫ごとに 2 年間保存する。
第12条	火薬庫	・設置場所は湿地を避ける。 ・火薬庫の構造は平屋建ての鉄筋コンクリート造とする。 ・火薬庫の周囲には土堤を設置する。 ・火薬庫には避雷針を設置する。 ・入口の扉は二重扉とし、外扉は鉄板とする。 ・盗難防止のための鍵を設置する。
規則 第52条	火薬類取扱所 （火薬及び発破の準備のために消費場所に設置する建物）	・建物は鉄筋コンクリート造等の防火及び盗難防止の構造とする。 ・屋根の外面は不燃性物質（金属板、スレート板、瓦）を使用する。 ・建物の内面は板張りとし、床面にはできるだけ鉄類を表さない。 ・暖房の設備は、温水、蒸気又は熱気以外のものを使用しない。 ・存置する火薬類の数量は 1 日の消費見込量以下とする。 ・帳簿を備え、責任者を定めて火薬類の受払い、消費残数量を記録する。
規則 第52条 の2	火工所 （薬包に雷管等を取り付ける場所）	・火工所に火薬類を存置する場合は、見張人を常時配置する。 ・照明設備は火工所内と完全に隔離した電灯とする。 ・火工所内には電導線を表さない。 ・周囲には柵を設け「火薬」、「火気厳禁」等の警戒札を設置する。
第23条	取扱者の制限	・18 歳未満の者は火薬類の取扱いはできない。
規則 第51条	火薬類の取扱い	・収納する容器は、木、その他電気不良導体で作った丈夫な構造とし、内面には鉄類を表さない。 ・1 日の消費作業終了後は、やむを得ない場合を除き、消費場所に火薬類を残置させないで、火薬庫又は庫外貯蔵庫に貯蔵する。 ・火薬類取扱い場所付近では、禁煙、火気厳禁とする。

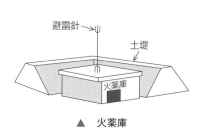

▲ 火薬庫

▲ 火薬類取扱所

港則法（港内における船舶交通の安全および港内の整とんを図る）

条	項目	内容
第3条	定義	・雑種船：汽艇，はしけ及び端舟その他かいのみをもって運転する船舶. ・特定港：きっ水の深い船舶が出入りできる港又は外国船舶が常時出入する港であって，政令で定めるもの.
第4条	入出港の届出	・船舶は，特定港に入港したとき又は特定港を出港しようとするときは，その旨を港長に届け出る．ただし，次の場合は届け出る必要はない． ①総トン数 20 トン未満の船舶及び端舟その他ろかいのみをもって運転する船舶． ②平水区域を航行区域とする船舶． ③あらかじめ港長の許可を受けた船舶
第8条	修繕及びけい船	・特定港内においては，雑種船以外の船舶を修繕し，又はけい船しようとする者は，その旨を港長に届け出る． ・修繕中又はけい船中の船舶は，特定港内においては，港長の指定する場所に停泊しなければならない．
第9条	けい留等の制限	・雑種船及びいかだは，港内においては，みだりにこれをけい船浮標若しくは他の船舶にけい留し，又は他の船舶の交通の妨となる虞のある場所に停泊させ，若しくは停留させてはならない．
第13条	航路	・船舶は，航路内においては，下記の場合を除いては，投びょうし，又はえい航している船舶を放してはならない． ①海難を避けようとするとき． ②運転の自由を失つたとき． ③人命又は急迫した危険のある船舶の救助に従事するとき． ④港長の許可を受けて工事又は作業に従事するとき．
第14条	航法	・航路外から航路に入り，又は航路から航路外に出ようとする船舶は，航路を航行する他の船舶の進路を避けなければならない． ・船舶は，航路内においては，並列して航行してはならない． ・他の船舶と行き会うときは，右側を航行しなければならない． ・船舶は，航路内においては，他の船舶を追い越してはならない．
第27条	灯火等	・港内においては，白色の携帯電灯又は点火した白灯を周囲から最も見えやすい場所に表示しなければならない．
第36条	灯火の制限	・何人も，港内又は港の境界附近における船舶交通の妨げとなる虞のある強力な灯火をみだりに使用してはならない．

▲ 航法

第5章 施工計画

施工の手順をしっかりと

5-1 施工計画の作成

■ 最適な施工条件を策定する

施工計画作成の基本事項

　施工計画とは，構造物を工期内に経済的かつ安全，環境，品質に配慮しつつ，施工する条件，方法を策定することである．施工計画作成の基本的事項を下記に示す．

① 施工計画の目標とするところは，工事の目的物を設計図書および仕様書に基づき所定の工事期間内に，最小の費用でかつ環境，品質に配慮しながら安全に施工できる条件を策定することである．

② 施工計画策定においては，下記の4点の基本方針として行う．
　（1）施工計画の決定には，過去の経験をふまえつつ，常に改良を試み，新工法，新技術の採用に心掛ける．
　（2）現場担当者のみに頼らず，できるだけ社内の組織を活用して，関係機関および全社的な高度な技術水準で検討する．
　（3）契約工期は，施工者にとって，手持資材，機材，作業員などの社内的状況によっては必ずしも最適工期とはならず，契約工期の範囲内でさらに経済的な工程を探し出す．
　（4）一つの計画案だけでなく，複数の代案を作成し，経済性を含め長短を比較検討し，最適な計画を採用する．

▲ 施工計画作成

③ 施工計画の作成手順としては下記のとおりである．

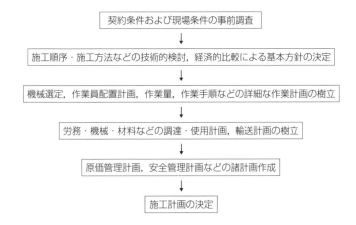

工事の届け出

建設工事の着手に際して施工者が関係法令に基づき提出する，主な届出書類と，その提出先は以下のとおりである．

届出書類	提出先
労働保険等の関係法令による，労働保険・保険関係成立届	労働基準監督署長
労働基準法による諸届	労働基準監督署長
騒音規制法に基づく特定建設作業実施届出書	市町村長
振動規制法に基づく特定建設作業実施届出書	市町村長
道路交通法に基づく道路使用許可申請書	警察署長
道路法に基づく道路専用許可申請書	道路管理者
消防法に基づく電気設備設置届	消防署長

施工計画書

●施工計画書の作成

施工計画書は，受注者が実施する工事手法の概要を作成することにより，円滑な工事の促進を図るものである．土木工事共通仕様書（以下「共通仕様書」という）の第1編1-1-4において「受注者は，工事着手前に工事目的物を完成させるために必要な手順や工法等についての施工計画書を監督職員に提出しなければならない」と規定されている．従って，施工計画書は，受注者の責任において作成するもので，発注者が施工方法などの選択について注文をつけるものではない．

■第5章 施工計画

● 施工計画書記載例

受注者は，施工計画書に次の事項について記載する．

```
(1) 工事概要
(2) 計画工程表
(3) 現場組織表
(4) 指定機械
(5) 主要船舶・機械
(6) 主要資材
(7) 施工方法（主要機械，仮設備計画，工事用地等を含む）
(8) 施工管理計画
(9) 安全管理
(10) 緊急時の体制及び対応
(11) 交通管理
(12) 環境対策
(13) 現場作業環境の整備
(14) 再生資源の利用の促進と建設副産物の適正処理方法
(15) その他
```

なお，施工計画書の作成にあたっては，契約書および設計図書に指定されている事項について記載するものとし，軽微なものは除く．

また，施工計画の内容に変更が生じた場合には，その都度当該工事に着手する前に変更に関する事項について，変更施工計画書を作成し提出するが，数量のわずかな増減などの軽微な変更で，施工計画に大きく影響しない場合については，新たに変更施工計画書の提出は要しない．

共通仕様書第1編1-1-4で「受注者は，施工計画書を提出した際，監督職員が指示した事項について，さらに詳細な施工計画書を提出しなければならない」と規定されているが，監督職員はその指示にあたっては必要性を十分検討した上で行わなければならない．

(1) 工事概要

工事概要については，下記の記載例程度の内容を記載する．なお，以下記載例については，必ずしもこれによることはない．

また，工事内容は，設計図書の工事数量総括表の写しでもよいものとする．

```
工事名         ○○工事
河川名（路線名） 一級河川○○川（一般国道○○号）
工事場所       自○○県○○市○○  地先 No○○～ No○○
              至○○県○○市○○  地先 L＝○○m
工期          平成○○年○○月○○日から平成○○年○○月○○日まで
請負代金       ¥○○,○○○,○○○円
発注者        ○○事務所
              TEL ○○○-○○○-○○○○
              ○○出張所
              TEL ○○○-○○○-○○○○
請負者        ○○建設株式会社
              所在地  ○○県○○市○○   △△-△△番地
              TEL ○○○-○○○-○○○○
              ○○作業所
              所在地  ○○県○○市○○   △△-△△番地
              TEL ○○○-○○○-○○○○
```

▲　工事概要記載例

(2) 計画工程表

　計画工程表は，各種別について作業の初めと終わりがわかるネットワーク，バーチャートなどで作成する．なお，契約時に締結する工程表の写しでもよいものとする．

(3) 現場組織表

　現場組織表は，現場における組織の編成および命令系統ならびに業務分担がわかるように記載し，監理（主任）技術者，専門技術者を置く工事についてはそれを記載する．

(4) 指定機械

　工事に使用する機械で，設計図書で指定されている機械（騒音振動，排ガス規制，標準操作など）について記載する．

(5) 主要船舶・機械

　工事に使用する船舶・機械で，設計図書で指定されている機械（騒音振動，排ガス規制，標準操作等）以外の主要なものを記載する．

(6) 主要資材

　工事に使用する指定材料および主要資材について，品質証明方法および材料確認時期等について記載する．資材搬入時期と計画工程表が整合していること．

(7) 施工方法

　施工方法は，次のような内容を記載する．

■第5章 施工計画

1) 「主要な工種」毎の作業フロー
　該当工種における作業フローを記載し，各作業段階における以下の事項について記述する．
2) 施工実施上の留意事項および施工方法
　工事箇所の作業環境（周辺の土地利用状況，自然環境，近接状況など）や主要な工種の施工実施時期（降雨時期，出水・渇水時期など）などについて記述する．これを受けて施工実施上の留意事項および施工方法の要点，制約条件（施工時期，作業時間，交通規制，自然保護），関係機関との調整事項について記述する．
　また，準備として工事に使用する基準点や地下埋設物，地上障害物に関する防護方法について記述する．
3) 該当工事における使用予定機械．
4) その他
　工事全体に共通する仮設備の構造，配置計画などについて具体的に記述する．
　その他，間接的設備として仮設建物，材料，機械などの仮置き場，プラント等の機械設備，運搬路（仮設道路，仮橋，現道補修等），仮排水，安全管理に関する仮設備など（工事表示板，安全看板など）について記述する．
　また，記載対象は次のような場合を標準とする．
① 主要な工種
② 通常の施工方法により難いもの（例：新技術による施工等）
③ 設計図書で指定された工法
④ 共通仕様書に記載されていない特殊工法
⑤ 施工条件明示項目で，その対応が必要とされる項目
⑥ 特殊な立地条件での施工や関係機関及び第三者対応が必要とされている施工等
⑦ 共通仕様書において，監督職員の「承諾」を得て施工するもののうち，事前に記述できるもの及び施工計画書に記述することとなっている事項
⑧ 指定仮設または重要な仮設工に関するもの

(8) **施工管理計画**

施工管理計画については，設計図書（「土木工事施工管理基準」「土木工事写真管理基準」）などに基づき，その管理方法について記述する．

1) 工程管理
　ネットワーク，バーチャート等の管理方法のうち，何を使用するかを記述する．

2）品質管理

当該工事で行う品質管理の「試験項目」（試験）について，品質管理計画表を作成する．

3）出来形管理

当該工事の出来形管理は，「土木工事施工管理基準」などにより記述する．また，該当工種がないものについては，あらかじめ監督職員と協議して定める．

4）写真管理

当該工事の写真管理は，「土木工事写真管理基準」などにより記述する．

5）段階確認

設計図書で定められた段階確認項目についての計画を記述する．

6）品質証明

当該工事の中で行う社内検査項目，検査方法，検査段階について記述する．

(9) **安全管理**

安全管理に必要なそれぞれの責任者や安全管理についての活動方針について記述する．

また，事故発生時における関係機関や被災者宅などへの連絡方法や救急病院などについても記述する．記述が必要な項目は次のとおりである．

1）工事安全管理対策

① 安全管理組織（安全協議会の組織なども含む）

② 危険物を使用する場合は，保管および取り扱いについて

③ その他必要事項

2）第三者施設安全管理対策

家屋，商店，鉄道，ガス，電気，電話，水道等の第三者施設と近接して工事を行う場合の対策．

工事現場における架空線等上空施設については，事前の現地調査の実施（種類，位置など）について記載する．

3）工事安全教育および訓練についての活動計画

毎月行う安全教育・訓練の内容を記述する．

(10) **緊急時の体制および対応**

大雨，強風などの異常気象または地震，水質事故，工事事故などが発生した場合に対する組織体制および連絡系統を記述する．

1）組織体制

2）連絡系統

連絡系統図には，下記機関の昼間および夜間の連絡先について記述する．

① 発注者関係（事務所，出張所などの主任監督員など）
② 受注者関係（本社・支社，現場代理人，監理（主任）技術者など）
③ 関係機関（警察署，消防署，労働基準監督署，救急病院など）
④ 関係企業（電力会社，NTT，上水道，下水道，鉄道，ガス会社など）
　その他，現場状況により関係する機関などの連絡先を明記する．

（11） 交通管理

工事に伴う交通処理および交通対策について「共通仕様書」第1編1-1-32（交通安全管理）の規定に基づき記述する．

迂回路を設ける場合には，迂回路の図面および安全施設，案内標識の配置図ならびに交通整理員などの配置について記述する．

また，具体的な保安施設配置計画，市道および出入口対策，主要材料の搬入・搬出経路を記述するとともに，ダンプトラックなどを使用する場合は，「共通仕様書」同上規定および「指導事項」(5) の規定を確認のうえ，積載超過運搬防止対策などについて記述する．

（12） 環境対策

工事現場地域の生活環境の保全と，円滑な工事施工を図ることを目的として，環境保全対策について関係法令に準拠して次のような項目の対策計画を記述する．

1) 騒音，振動対策
2) 水質汚濁
3) ゴミ，ほこりの処理
4) 事業損失防止対策（家屋調査，地下水観測等）
5) 産業廃棄物の対応
6) その他

（13） 現場作業環境の整備

現場作業環境の整備に関して，次のような項目の計画を記述する．

1) 仮設関係
2) 安全関係
3) 営繕関係
4) イメージアップ対策の内容
5) その他

（14） 再生資源の利用の促進と建設副産物の適正処理方法

再生資源利用の促進に関する法律に基づき，次のような項目について記述する．

1) 再生資源利用計画書

2）再生資源利用促進計画書
3）指定副産物搬出計画（マニュフェストなど）
(15) その他
　その他重要な事項について，必要により記述する．
1）官公庁への手続き（警察，市町村）
2）地元への周知
3）休日

※各種記載例は「**土木工事書類作成マニュアル**」（国土交通省）を参照すること．

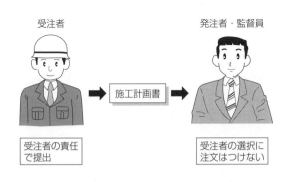

5-2 事前調査検討

■ 契約条件と現場条件を十分に把握する

建設工事は自然を対象とするもので，現場の自然状況および立地条件などを事前に調査し充分に把握することが重要である．事前調査検討事項には，契約条件と，現場条件についての事前調査がある．

▍契約条件の事前調査検討事項

事前調査としてまずすべきことは，契約書，設計図書などから，目的とする構造物に要求されている事項を調査することであり，下記の内容による．

請負契約書の内容	①工期，請負代金の額，事業損失の取扱い ②不可抗力による損害の取扱い ③工事の変更，中止による損害の取扱 ④資材，労務費などの変動に基づく変更の取扱支払 ⑤かし担保の状況 ⑥工事代金の支払条件 ⑦工事量の増減に対する取扱い ⑧検査の時期および方法・引き渡しの時期
設計図書の内容	①設計内容 ②数量の確認 ③図面，仕様書および施工管理基準の確認 ④図面と現場の適合の確認 ⑤現場説明事項の内容 ⑥仮設における規定の確認
その他	①監督者の指示，承諾，協議事項についての確認

▲ 契約条件の事前調査検討

現場条件の事前調査検討事項

施工現場における現場条件を調査して，その現場における最適な施工計画を策定するもので，下記のような内容についてチェックを行う．

項　目	内　容
地　形	工事用地，測量杭，高低差，地表勾配，危険防止箇所，土取場，土捨場，道水路状況，周辺民家
地　質	土質，地層，支持層，柱状図，トラフィカビリティ，地下水，湧水，
気　象	降雨量，降雨日数，積雪，風向，風力，気温，日照
水　文	河川流況，洪水記録，過去の災害事例，波浪，潮位
電力・水	工事用電源，工事用取水，電力以外の動力の必要性
仮設建物施工施設	事務所，宿舎，倉庫，車庫，建設機械置き場，プラント，給油所，電話，電灯，上水道，下水道，病院，保健所，警察，消防
輸　送	搬入搬出道路（幅員，舗装，カーブ，交通量，踏切，交通規制，トンネル，橋梁など），鉄道軌道，船舶
環　境	交通問題（交通量，通学路，定期バス，作業時間制限） 廃棄物処理，近隣関係
公　害	騒音，振動，煙，ごみほこり，地下水汚染
用　地	境界，未解決の用地および物件，借地料，耕作物
利　権	地上権・水利権・漁業権・林業権・採取権・知的所有権
労　力	地元・季節労働者・下請業者・価格・支払い条件・発注量・納期
資　材	砂，砂利，盛土材料，生コン，コンクリート二次製品，木材
支障物	地上障害物，地下埋設物，隣接構造物，文化財

▲　現場条件の事前調査検討

5-3 施工体制台帳・施工体系図

■ 施工の責任と分担を明確にする

施工体制台帳

● 特定建設業者の義務

「建設業法第24条の7」により施工体制台帳および施工体系図の作成が規定されている．

・施工体制台帳
・施工体系図

① 下請契約の請負金額が4 000万円以上となる場合には，適正な施工を確保するために施工体制台帳を作成する（建設業法第24条の7第1項）．
② 施工体制台帳には下請人の名称，工事の内容，工期等を記載し，工事現場ごとに備え置く（同第1項）．
③ 発注者から請求があったときは，施工体制台帳を閲覧に供さなければならない（同第3項）．

▲ 施工体制台帳

施工体系図

　特定建設業者は，各下請負人の施工の分担関係を表示した施工体系図を作成し，工事現場の見やすい場所に掲げなければならない（同第 4 項）．

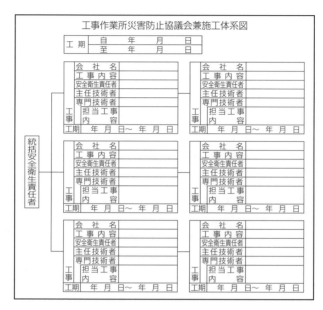

▲　施工体系図

5-4 仮設備計画

■ 本工事のために必要かつ重要な設備

仮設備計画の基本事項

●仮設備計画の要点

① 目的の構造物を築造する本工事に対し，その本工事のために必要な施設，設備を築造する工事を仮設備工事という．

② 仮設備という名のとおり永久設備でなく，一般的には工事完成後には撤去される．しかしながら，本工事が適正にしかも安全に施工されるためには十分な検討が必要となり，仮設備といっても決して手を抜いたり，おろそかにしてはならない．

③ 仮設備計画には，仮設備の設置はもとより，撤去，後片付け工事まで含まれる．

④ 仮設備計画は本工事が能率的に施工できるよう，工事内容，現地条件にあった適正な規模とする．

⑤ 仮設備が工事規模に対して適正とするためには，3ム（ムリ，ムダ，ムラ）のない合理的なものにする．

⑥ 仮設備に使用する材料は，一般の市販品を使用して可能な限り規格を統一し，使用後も転用可能にする．

⑦ 仮設備の設計においては，仮構造物であっても，使用目的，期間に応じ構造設計を行い，労働安全衛生法はじめ各種基準に合致した計画とするが，短期扱いとして安全率は多少割り引いて設計する．

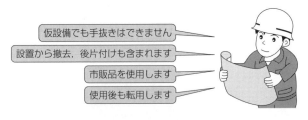

▲ 仮設備計画

●仮設備の種類

仮設備には，発注者が指定する指定仮設と，施工者の判断に任せる任意仮設の2種類がある．

① **指定仮設**：契約により，仕様書および設計図で工種，数量，方法が規定され

ており，契約変更の対象となる．大規模な土留め，仮締切り，築島などの重要な仮設備に適用される．
② **任意仮設**：施工者の技術力により工事内容，現地条件に適した計画を立案し，契約変更の対象とはならない．ただし，図面などにより示された施工条件に大幅な変更があった場合には設計変更の対象となりうる．

	指定仮設	任意仮設
設計図書	施工方法などについて具体的に指定（契約条件として位置付け）	施工方法などについて具体的に指定しない（契約条件ではないが参考図として標準的工法を示す場合がある）
施工方法などの変更	発注者の指示または承諾が必要	請負者の任意（施工計画書の修正，提出は必要）
設計変更	行う	行わない（施工方法などの変更がある場合） 行う（当初明示した条件の変更に対応）

指定仮設
・施工方法は発注者から指定される
・設計変更は行う

任意仮設
・請負者の任意でよい
・原則，設計変更は行わない

▲ 仮設備の種類

仮設備の内容

仮設備計画には，工事用道路，支保工，安全施設などの本工事施工のために必要な**直接仮設**と，現場事務所，駐車場等の間接的な仮設としての**共通仮設**に分類される．

● 直接仮設工事

本工事に直接必要な仮設備工事であり，主要なものとしては下表のとおりである．

第 5 章 施工計画

設　備	内　　容
運搬設備	工事用道路，工事用軌道，ケーブルクレーン，エレベータなど
荷役設備	走行クレーン，ホッパー，シュート，デリック，ウィンチなど
足場設備	支保工足場，つり足場，桟橋，作業床，作業構台など
給水設備	給水管，取水設備，井戸設備，ポンプ設備，計器類など
排水，止水設備	排水溝，ポンプ設備，釜場，ウェルポイント，防水工など
給換気設備	コンプレッサ，給気管，送風機，圧気設備など
電気設備	送電，受電，変電，配電設備，照明，通信設備
安全，防護設備	防護柵，防護網，照明，案内表示，公害防止設備など
プラント設備	コンクリートプラント，骨材，砕石プラントなど
土留，締切設備	矢板締切，土のう締切など
撤去，後片付け	各種機械の据付け，撤去

▲　直接仮設（工事用道路）

▲　共通仮設（現場事務所）

● 共通仮設

本工事に間接的に必要な仮設備工事であり，主要なものとしては下表のとおりである．

設　備	内　　容
仮設建物設備	現場事務所，社員，作業員宿舎，現場倉庫，現場見張所など
作業設備	修理工場，鉄筋，型枠作業所，調査試験室，材料置き場など
車両，機械設備	車庫，駐車場，各種機械室，重機械基地など
福利厚生施設	病院，医務室，休憩所，厚生施設など
その他	その他分類できない設備

5-5 建設機械計画

■ 本工事を演出する重要な手段

建設機械施工計画

建設機械の選択・組合せと施工速度は，施工計画に対して大きく左右する．

● 建設機械の選択・組合せ

建設機械は主機械と従機械の組合せにより選択し，決定する．

① **主機械**：土工作業における掘削，積込機械などのように主作業を行うための中心となる機械のことで，最小の施工能力を設定する．

② **従機械**：土工作業における運搬，敷均し，締固め機械などのように主作業を補助するための機械のことで，主機械の能力を最大限に活かすため，主機械の能力より高めの能力を設定する．

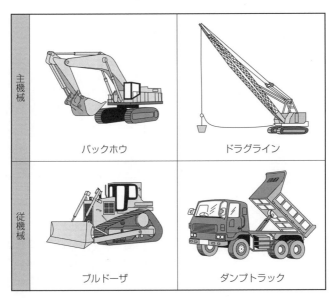

▲ 建設機械施工

● 施工速度

建設機械の施工速度は，下記の4つに区分される．

区　分	内　容	施工速度
平均施工速度	正常損失時間および偶発損失時間を考慮した施工速度で，工程計画および工事費見積りの基礎となる．	$Q_A [\mathrm{m^3/h}] = E_A \cdot Q_P$
正常施工速度	最大施工速度から正常損失時間を引いて求めた実際に作業できる施工速度．建設機械の組合せ計画時に，各工程の機械の作業能力を平均化させるために用いる．	$Q_N [\mathrm{m^3/h}] = E_W \cdot Q_P$
最大施工速度	理想的な状態で処理できる最大の施工量で，製造業者が示す公称能力に相当する．	$Q_P [\mathrm{m^3/h}] = E_q \cdot Q_R$
標準施工速度	1時間当たり処理可能な理論的最大施工量である．	$Q_R [\mathrm{m^3/h}]$

※ E_A，E_W，E_q は各作業時間効率

建設機械全般

建設機械の規格および性能表示

建設機械は，その機械の種類によって性能の表示方法が異なる．例えば，掘削系の機械は容量〔m³〕，締固め機械は質量〔t〕で表し，機械名称ごとの性能表示は下表のようになる．

機械名称	性能表示方法
パワーショベル	機械式：平積みバケット容量〔m³〕
バックホウ	油圧式：山積みバケット容量〔m³〕
クラムシェル	平積みバケット容量〔m³〕
ドラグライン	平積みバケット容量〔m³〕
トラクタショベル	山積みバケット容量〔m³〕
クレーン	吊下荷重〔t〕
ブルドーザ	全装備（運転）質量〔t〕
ダンプトラック	車両総質量〔t〕
モーターグレーダ	ブレード長〔m〕
ロードローラ	質量（バラスト無t～有t）
タイヤ・振動ローラ	質量〔t〕
タンピングローラ	質量〔t〕

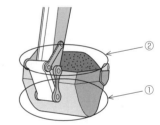

山積みバケット容量：（①＋②）〔m²〕
平積みバケット容量：（①）〔m²〕

（a）バケット

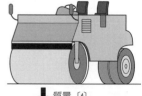

↓ 質量〔t〕

（b）ロードローラ

▲　性能表示方法

原動機

建設機械用の原動機は，電動機（モーター）と内燃機関（エンジン）があり，それぞれの特性に応じて使い分けられる．それぞれの特徴を整理すると下記のようになる．

① **電動機（モーター）**：始動，停止などの運転操作が容易であり，故障が少ない．排気ガスが発生せず，騒音，振動が少ないなどの環境保全にも優れる．電力供給が整備されており，移動性を要しない場合に有利である．

② **内燃機関（エンジン）**：機動性に優れており，寒冷地，水中作業，傾斜地等の過酷な条件下でも運転が可能であるが，機械的衝撃，騒音，振動が大きく環境面ではやや不利となる．

▲ 電動機

▲ 内燃機関

建設機械の近年の動向

建設機械の近年の動向としては，環境保全対策を目的とした利用傾向にある．
① 低騒音，低振動型の建設機械を利用する．
② 都市土木工事においては，機械の小型化が進んでいる．
③ 排出ガス規制が厳しくなっており，「特定特殊自動車排出ガスの規制等に関する法律（オフロード法）」により，建設用機械も適用されている．
（例：ブルドーザ，バックホウ（ホイール・クローラ型），クローラクレーン，トラクタショベル（ホイール・クローラ型），ホイールクレーン（ラフテレーンクレーン）など）

建設機械の種類と特徴

建設機械は，工事の種類別，作業別にそれぞれ種類と特徴が整理される．

運搬機械の種類と特徴

① ブルドーザはトラクタに土工板を取り付けたもので，作業装置により下記の種類に分類される．

第5章 施工計画

種　類	特　徴
ストレートドーザ	固定式土工板を付けた基本的なもので、重掘削作業に適する.
アングルドーザ	土工板の角度が左右に25°前後に変えられるもので、重掘削には適さない.
チルトドーザ	土工板の左右の高さが変えられるもので、溝掘り、硬い土に適する.
Uドーザ	土工板がU形となっており、押し土の効率が良い.
レーキドーザ	土工板の代わりにレーキを取り付けたもので、抜根に適する.
リッパドーザ	リッパ（爪）をトラクタ後方に取り付けたもので、軟岩掘削に適する.
スクレープドーザ	ブルドーザにスクレーパ装置を組み込んだもので、前後進の作業や狭い場所の作業に適する.

角度が一定	角度を変える	U型で土をこぼさない	レーキ取付け
（a）ストレートドーザ	（b）アングルドーザ	（c）Uドーザ	（d）レーキドーザ

▲ 運搬機械（ブルドーザ）

② ダンプトラックは、建設工事における資材や土砂の運搬に最も多く利用され、次の2種類に分けられる.
（1）**普通ダンプトラック**：最大総質量20t以下で、一般道路走行ができる.
（2）**重ダンプトラック**：最大総質量20t超で、普通条件での一般道路走行はできない.

● 掘削機械の種類と特徴

種　類	特　徴
バックホウ	アームに取り付けたバケットを手前に引く動作により、地盤より低い場所の掘削に適し、強い掘削力を持ち、正確な作業が出来る.
ショベル	バケットを前方に押す動作により、地盤より高いところの掘削に適する.
クラムシェル	開閉式のバケットを開いたまま垂直下方に降ろし、それを閉じることにより土砂をつかみ取るもので、深い基礎掘削や孔掘りに適する.
ドラグライン	ロープで懸垂された爪付きのバケットを落下させ、別のロープで手前に引き寄せることにより土砂を掘削するもので、河川などの広くて浅い掘削に適する.

5-5 建設機械計画

（a）バックホウ

（b）ショベル

（c）クラムシェル

（d）ドラグライン

▲ 掘削機械

積込み機械の種類と特徴

種　類	特　徴
クローラ（履帯）式トラクタショベル	履帯式トラクタに積込み用バケットを装着したもので，履帯接地長が長く軟弱地盤の走行に適するが掘削力は劣る．
ホイール（車輪）式トラクタショベル	車輪式トラクタにバケット装着したもので，走行性がよく機動性に富む．

（a）クローラ式トラクタショベル

（b）ホイール式トラクタショベル

▲ 積込み機械

147

■第5章 施工計画

　積込み方式には2方式があり，V形積込みはトラクタショベルが動き，ダンプトラックは停車し，I形積込みはトラクタショベルが後退，ダンプトラックも移動する。

●締固め機械の種類と特徴（p.48～49参照）

種　類	特　徴
ロードローラ	・最も一般的な締固め機械で，静的圧力により締め固めるもので，マカダム型・タンデム型の2種類がある。 ・盛土表層，路床，路盤に使用される。 ・高含水比の粘性土や，均一な粒径の砂質土には適さない。
タイヤローラ	・空気圧の調節により各種土質に対応可能で，砕石などには接地圧を高く，粘性土等には低くして使用する。 ・路床，路盤の転圧からアスファルト混合物の舗装転圧まで広範囲に利用される。
振動ローラ	・起振機により振動を与えて締固めを行うもので，粘性に乏しい礫，砂質土に適する。 ・高含水比の粘性土には，地面にのめり込んで作業不能になる場合がある。
タンピングローラ	・鋼板製の中空円筒に突起（フート）を取り付けて締固めを行う。 ・突起の先端に荷重が集中し，岩塊や土塊の破砕および固い粘土や厚い盛土の締固めに適する。
振動コンパクタ	・起振機を平板上に取り付けたもので，狭い場所での人力作業に適する。 ・含水比が適当であれば，各種土質に使用されるが，礫または砂質土の締固めに最適である。
タンパ	・小型ガソリン機関の回転力をクランクにより往復運動に変換する。付き固め主体の機械である。 ・締固め板の面積が小さく，構造物に接した部分や，狭小部分の締固めに適する。
ランマ	・小型ガソリン機関の爆発力を利用し，本体をはね上げ突き固める。 ・適用土質範囲が広く，栗石や塑性土の締固めにも使用される。

●土質区分に対応する締固め機械

盛土の構成部分	締固め機械 土質区分	ロードローラ	タイヤローラ	振動ローラ	タンピングローラ	普通型ブルドーザ	湿地形ブルドーザ	振動コンパクタ	タンパ
盛土路体	硬岩，細粒化しない岩			◎				△	△
	風化岩，軟岩		○	◎	○			△	△
	砂，礫混り砂，切込み砂利			○				△	△
	砂質土，礫混り砂質土		◎	○				△	△
	粘性土，礫混り粘性土		○		◎				△
	水分過剰砂質土					△			
	鋭敏粘性土，関東ローム					△	△		

5-5 建設機械計画

盛土の構成部分	土質区分 \ 締固め機械	ロードローラ	タイヤローラ	振動ローラ	タンピングローラ	普通型ブルドーザ	湿地形ブルドーザ	振動コンパクタ	タンパ
路 床	粒調材料	○	◎	○				△	△
	単粒度砂，礫混り砂	○	○	◎				△	△
裏込め			○	◎				△	△
法 面	砂質土			○				◎	△
	粘性土			○	○			○	△
	鋭敏な粘土						△		△

◎：有効　○：使用可能　△：やむを得ず使用可能

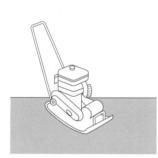
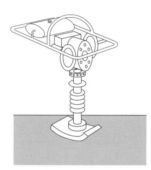

（a）振動コンパクタ　　　　　　（b）ランマ

▲　締固め機械（1）

（a）ロードローラ　　　　　　（b）タイヤローラ

（c）振動ローラ　　　　　　（d）タンピングローラ

▲　締固め機械（2）

杭打設機械の種類と特徴

ディーゼルハンマ	ディーゼル機関を利用して，ハンマの落下によって杭の打撃力として加えるくい打ち機で，工費が安く，硬い地盤や大型杭の工事に使用される．
油圧式杭圧入引抜き機	既に押し込まれた矢板につかまり，その矢板の反力を利用しながら，次の杭を押し込んでいくもので，振動や騒音がほとんどなく，市街地での比較的軟らかい地盤での工事に使用される．
油圧ハンマ	油圧でラムを上昇させ，これを自由落下させて杭を打撃するもので，大きな打撃エネルギーを発生することができ，コンクリート杭の打設に適している．
振動（バイブロハンマ）	機械の振動で杭と機械の自重で杭体に縦振動を起こしながら杭を地中に貫入する杭打ち機で，各種既製杭の打込み，引抜き施工が可能で，多様な機種，規格の構成により各種地盤条件に対応できる．

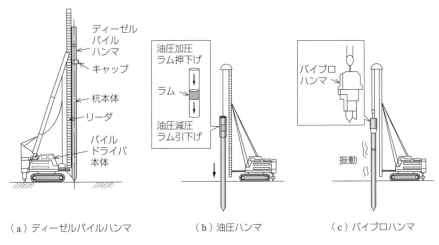

（a）ディーゼルパイルハンマ　　（b）油圧ハンマ　　（c）バイブロハンマ

▲　打設杭

5-6 原価管理

■ 経済的な施工計画により利益向上を図る

　原価管理とは，経済的な施工計画を基に原価を統制し，利益を向上させることであり，基本事項および実施内容は下記のとおりである．

原価管理の基本事項

● 原価管理の要点

原価管理を行うに際して留意すべき点は下記のとおりである．

① 原価管理の目的は，実行予算の設定に始まり，実際原価との比較，分析，修正による処置までのPDCAサイクルを回すことにより，原価を低減することである．

② 原価管理データとして，原価の発生日，発生原価などを整理分類し，評価を加えて保存することにより，工事の一時中断や物価変動による損害を最小限にとどめることができる．

③ 原価の圧縮は，下記の点を留意して行う．
　（1）原価比率が高いものを優先し，そのうち低減の容易なものから順次行う．
　（2）損失費用項目を重点的に改善する．
　（3）実行予算より実際原価が超過傾向のものは購入単価，運搬費用などの原因要素を改善する．

④ 原価管理は，最も経済的な施工計画に基づいて実行予算を設定し，それを基準として原価を統制するとともに，実際原価と比較して差異を見いだし，これを分析・検討して実行予算を確保するために原価引き下げなどの処置を講ずる．そのほか，工事の施工過程で得た実績等により，施工計画の再検討・再評価を行い，必要に応じて修正・改善するなどの方法で行われる．

● 原価管理の実施

原価管理はPDCAサイクルを回すことにより実施する．

実行予算の設定	見積もり時点の施工計画を再検討し，決定した最適な施工計画に基づき設定する．
原価発生の統制	予定原価と実際原価を比較し，原価の圧縮を図る．原価の圧縮は，原価比率が高いものを優先し，低減が容易なものから行い，損失費用項目を抽出し，重点的に改善する．
実際原価と実行予算の比較	工事進行に伴い，実行予算をチェックし，差異を見出し，分析，検討を行う．
施工計画の再検討，修正措置	差異が生じる要素を調査，分析を行い，実行予算を確保するための原価圧縮の措置を講ずる．
修正措置の結果の評価	結果を評価し，良い場合には持続発展させ，良くない場合には別手段・別方法により再度見直しを図る．

■第5章 施工計画

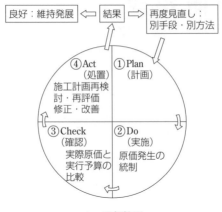

▲ 原価管理

工程と原価

工程，原価，品質との関係

① **工程と原価の関係（a 曲線）**：工程を早くして施工出来高が上がると原価は安くなる．さらに施工を早めて突貫作業を行うと，逆に原価は高くなる．
② **品質と原価の関係（b 曲線）**：品質を上げると原価は高くなる．逆に原価を下げると品質は落ちる．
③ **工程と品質の関係（c 曲線）**：品質を良くするには工程が遅くなる．突貫作業により工程を早めると品質が落ちる．

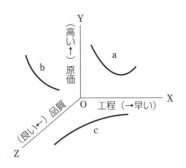

▲ 工程・原価・品質の関係

採算速度と損益分岐

① 損益分岐点において収支は等しくなり，黒字にも赤字にもならず，工事は最低採算速度の状態である．
② 施工速度を最低採算速度以上に上げれば利益が，下げれば損失が生じる．

152

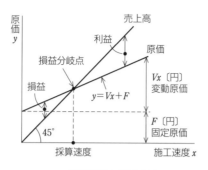

▲ 採算速度と損益分岐

工期と建設費用の関係

① **直接費**：労務費，材料費，直接仮設費，機械運転経費などで，工期の短縮に伴い直接費は増加する．

② **間接費**：現場管理費，共通仮設費，減価償却費などの費用で，一般に工期の延長に従ってほぼ直線的に増加する傾向がある．

③ **最適計画**：直接費と間接費を合成したものが総建設費で，それが最小となる点が最適計画であり，そのときの工期を最適工期という．

④ **ノーマルコスト**：直接費が最小となる点（a）で表し，標準費用ともいう．またこのときの工期をノーマルタイム（標準時間）という．

⑤ **クラッシュタイム**：ノーマルタイムより作業速度を速めて工期を短縮することができるが，直接費が増加し，ある限度以上には短縮できない時間（A）をいい，このときの点（b）をクラッシュコストという．

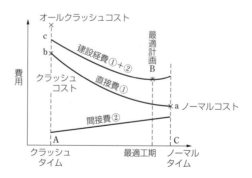

▲ 工期と建設費曲線

第5章 施工計画

土木豆辞典

■ 土木用語（3）

名　称	説　明
あだ折り （小はぜ）	トタン，ブリキなどの鉄板の端を折り返すことで，強度の増加と，怪我の防止を兼ねる．
あんこ	発破用の穴に爆薬挿入後に粘土などを詰め込み，爆破力を集中させ，破壊力を増大させる．
いってこい	軌道や索道などで，台車や搬器が対称に往復すること．損得やプラスマイナスが同じになる意味で使われる．
縁切り	コンクリート擁壁やコンクリート舗装などで，伸縮の影響を吸収する施工目地をいい，伸縮目地剤等を入れる．
かんざし	地中にアンカーを取る際のワイヤーロープに固定する横材のことをいう．
化粧	土間コンクリートや壁などを最後にモルタルで仕上げ，見栄えをよくすること．人間のお化粧と同じ．
げた	重量物などの下に敷く厚めの木材のことで，木材を敷くことを「下駄をはかす」という．一般用語でも，多めにすることを「下駄をはかす」と使う．
ごうへい	とび職の間で使われる言葉で，クレーンなどの操作者に対して，巻き上げを指示する合図の言葉．
先棒	天秤棒で荷物を運ぶ時に，前の方を担ぐ人，後を担ぐ人は後棒という．一般用語でも先頭に立って物事を行う場合に「先棒を担ぐ」と使われる．
下ごしらえ	木材・石材などの使用の前にあらかじめ寸法等の加工をしておく．料理などでも使われる言葉である．
しの	番線（鉄線）を結束するために使う，先がややとがった鉄の棒．
シャコ	ワイヤーロープによる玉掛けの際に，先端に取り付ける金具（別名：シャックル）．
長太郎	張出した桁や梁を仮に支えるために入れる柱．
丁場	工事現場の昔の言葉．
出面 （でづら）	作業現場における作業員の人数を表し，出勤簿の確認を「出面をつける」という．
手待ち	資材まちや関連工事との調整で，工程に遅れが生じ，作業員や機械を遊ばせる状態のこと．
手元	ある程度自由に使いこなせる，職人や作業員．
はこ番	現場詰所や見張り小屋などの小型の仮設小屋．
番線 （ばんせん）	針金，鉄線のことで，太さにより番号を付ける．
ようかん	レンガなどを長手方向に二つに割ったもの（形から来た言葉）．
よっこ	資材などの重量物をバールなどを使って移動させること．
りゃんこ	長さの違うものを交互に組み立てたり，塗装で2回塗のこと．一般でも位置を交互にするときに使う．

（a）あだ折り

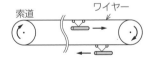
（b）いってこい

（c）かんざし

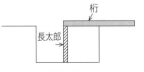
（d）先棒　　（e）しの

（f）長太郎

（g）よっこ

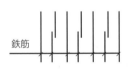
（h）りゃんこ

第6章

工程管理

工事の段取りをしっかりと

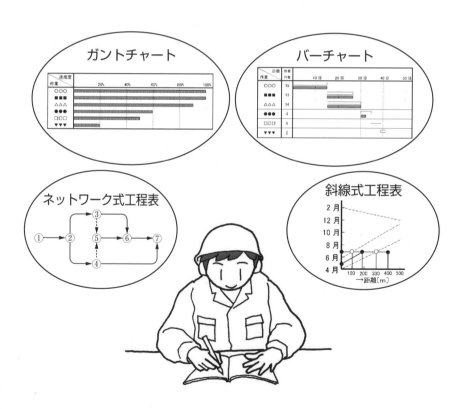

6-1 工程計画

■ 最適な工程により品質を作り込む

工程管理の基本的事項

● 工程管理の目的

① 工程管理の目的は，工期，品質，経済性の3条件を満たす合理的な工程計画を作成することで，進度，日程管理だけが目的ではなく，安全，品質，原価管理を含めた総合的な管理手段である．

② 工程計画の直接的目的は工期の確保であり，作成手順は下記のとおりである．

(1) 各工程の施工手順を決める．
(2) 各工程の適切な施工期間を決める．
(3) 全工程期間を通じて工種別工程の繁閑の度合いを調整する．
(4) 各工程がそれぞれ工期内に完了するよう計画する．
(5) 工程計画は，これらを図表化して各種工程表を作成し，実施と検討の基準として使用する．

| (1) 工程の施工手順 | → | (2) 適切な施工期間 | → | (3) 工種別工程の相互調整 | → |

| (4) 忙しさの程度の均等化 | → | (5) 工期内完了に向けての工程表作成 |

● 工程管理手順

工程管理の手順は，下記のようなPDCAサイクルを回して行う．

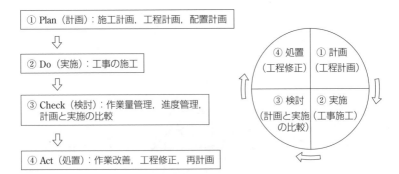

▲ 工程管理

進度管理

● 作業能率低下の要因

① 稼働率低下要因

悪天候，地質悪化等の不可抗力的要因／作業の段取り待ち／材料の供給待ち／災害／作業員の病気／機械の故障／作業及び賃金不満による休業／設計変更その他発注者の指示による待機

② 管理不良による時間損失の要因

建設機械の故障／機械組合せの不均等／段取り不適当による作業中断／現場監督者の指示間違い／不注意による災害事故／工事手直し／材料供給の遅延

③ 作業能率の低下の要因

作業員の未熟練／機械の配置，組合せの不適／機械修理の不良と老朽化／季節及び天候の不良／照明，足場等の環境の不良／作業不満，作業過重，夜業の連続等による労働意欲の減退／施工段取りの不適当

● 稼働率，作業時間率の向上のための留意点

① 上記稼働率低下の要因を排除する．
② 作業能率向上の方策を図る．

機械の適正管理，施工環境の改良，作業員の教育など

■第6章 工程管理

●作業可能日数の算定

① 作業可能日数 = (暦による日数) − (休日, 天候などによる作業不能日数)
作業可能日数 ≧ 所要作業日数

② 所要作業日数 = $\dfrac{(工事量)}{(1日平均施工量)}$

③ 1日平均施工量 = (1時間平均施工量) × (1日平均作業時間)

1日平均施工量 ≧ $\dfrac{(工事量)}{(作業日数)}$

④ 労務者1人当たり実際作業量 = $\dfrac{(全実作業量)}{(全労務者数)}$

⑤ 建設機械1日当たり運転時間 = (建設機械運転員の拘束時間) − (機械の休止時間および日常整備・修理時間)

⑥ 建設機械1日当たりの平均施工量 = (1時間平均施工量) × (1日平均作業時間)

⑦ 建設機械1時間当たりの平均施工量 = (作業効率) × (建設機械の標準作業能力)

⑧ 建設機械運転員の拘束時間 = (運転時間) + (日常整備時間および修理時間) + (休止時間)

⑨ 運転時間 = (実作業運転時間) + (その他運転時間)

⑩ 稼働率 = $\dfrac{(稼働労務者数)}{(全労務者数)}$

⑪ 運転時間率 = $\dfrac{(1日当たり運転時間)}{(1日当たり運転員の拘束時間)}$

（注）主要機械の運転時間率は, 標準で0.7である.

⑫ 休止時間 = (休息時間) + (その他休車時間)

6-2 工程表

■ 工事に適した工程表を作成する

工程表の種類（各種工程表の特徴をつかむ）

● ガントチャート工程表（横線式）
① 縦軸に工種（工事名，作業名），横軸に作業の達成度を〔％〕で表示する．
② 各作業の必要日数はわからず，工期に影響する作業は不明である．

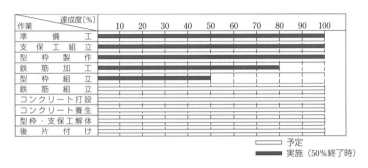

▲ ガントチャート工程表（鉄筋コンクリート構造物）

● バーチャート工程表（横線式）
① ガントチャートの横軸の達成度を工期に設定して表示する．
② 漠然とした作業間の関連は把握できるが，工期に影響する作業は不明である．

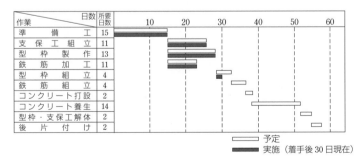

▲ バーチャート工程表（鉄筋コンクリート構造物）

● 斜線式工程表
① 縦軸に工期を，横軸に延長をとり，各作業ごとに一本の斜線で，作業期間，作業方向，作業速度を示す．

② トンネル，道路，地下鉄工事のような線的な工事に適しており，作業進度が一目でわかるが，作業間の関連は不明である．

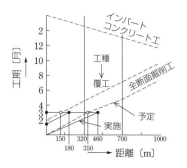

▲ 斜線式工程表（道路トンネル工）

● グラフ式工程表

① 工期を横軸に，施工量の集計または完成率（出来高）を縦軸にとり，工事の進行をグラフ化して表現する．
② 作業が順序よく進む工種に適しているが，作業間の関連は不明である．

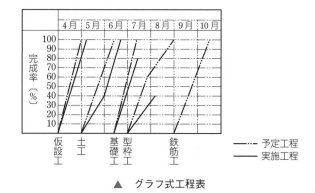

▲ グラフ式工程表

● 累計出来高曲線工程表（S字カーブ）

① 縦軸に工事全体の累計出来高〔％〕，横軸に工期〔％〕をとり，出来高を曲線に示す．
② 毎日の出来高と，工期の関係の曲線は山形，予定工程曲線はS字形となるのが理想である．

6-2 工程表

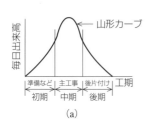 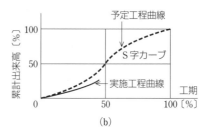

▲ 累計出来高曲線工程表

● 工程管理曲線工程表（バナナ曲線）

① 工程曲線について，許容範囲として上方許容限界線と下方許容限界線を示したものである．
② 実施工程曲線が上限を越えると，工程にムリ，ムダが発生している．また，下限を越えると，突貫工事を含め，工程を見直す必要がある．

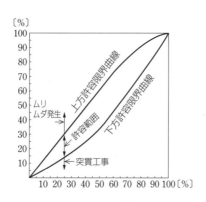

▲ バナナ曲線

🔲 ワンポイントチェック！　突貫工事

「突貫」は貫き通すことを意味する．突貫工事を行うと，短期間で一気に仕上げることで経済的な施工速度を大きく超えてしまい，施工単価は高くなり，品質は低下するおそれがある．また，危険度も増すため，できる限り避けなければならない．

■第6章 工程管理

● ネットワーク式工程表

① 各作業の開始点（イベント○）と終点（イベント○）を矢線→で結び，矢線の上に作業名，下に作業日数を書き入れたものをアクティビティといい，ネットワーク式工程表は全作業のアクティビティを連続的にネットワークとして表示したものである．

② 作業進度と作業間の関連が明確となり，複雑な工事に適する．

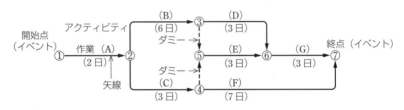

▲ ネットワーク式工程表

● 各種工程図表の比較

主な工程表について比較すると下表のようになる．

項　目	ガントチャート	バーチャート	曲線・斜線式	ネットワーク式
作業の手順	不明	漠然	不明	判明
作業に必要な日数	不明	判明	不明	判明
作業進行の度合い	判明	漠然	判明	判明
工期に影響する作業	不明	不明	不明	判明
図表の作成	容易	容易	やや複雑	複雑
適する工事	短期，単純工事	短期，単純工事	短期，単純工事	長期，大規模工事

6-3 ネットワーク

■ 工事全体を一つの流れに表す

ネットワーク式工程表の作成（実際に作成，計算を行う）

工程表の表示

ネットワーク式工程表は，イベント（結合点），アロー（矢線），ダミー（点線）などで表され，アローの上に作業名，下に作業日数を表示したものをアクティビティという．

名　称	表示記号	内　容
イベント	①, ②, ③, …	作業の結合点を表す．
アロー	→	作業を表す．
ダミー	→	所要時間0の擬似作業で表す．

作成上の注意点

① 同一イベント番号が2つ以上あってはならない．
② 同一イベントから始まり，同一イベントに終わるアローが2つ以上あってはならない（ダミーにより処理する）．
③ 先行作業が全て終了しなければ，後続作業を開始してはならない．
④ ネットワーク上で，サイクルが出来てはならない．

工程表作成例

例として，下図のようなネットワーク工程表を作成する．

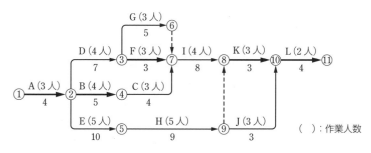

▲ ネットワーク式工程表の作成

所要日数計算

上記のネットワーク作成例において，各所要日数などの計算を行う．

● ダミー

所要時間 0 の擬似作業を点線で表す．

> ⑥→⑦および⑨→⑧の点線

● クリティカルパス

作業開始から終了までの経路の中で，所要日数が最も長い経路である（トータルフロートがゼロとなる線を結んだ経路）．

① クリティカルパス上のアクティビティ（作業）の最早開始時刻と最遅完了時刻は等しく，フロート（余裕時間）は 0 である．
② クリティカルパスは 1 本以上存在する．
③ クリティカルパス以外のアクティビティ（作業）でも，フロート（余裕時間）を消化してしまうとクリティカルパスになる．
④ クリティカルパスでなくてもフロート（余裕時間）の非常に小さいものは，クリティカルパスに準じて重点管理する．
⑤ ダミーはクリティカルパスに含まれることがある．
⑥ 全体の工程を短縮するためには，クリティカルパス上の工程を短縮しなければならない．
⑦ クリティカルパスの所要日数が，総所要日数となる．

例題 p.163 に示すネットワーク工程表作成例において，クリティカルパスを求めよ．

解答 全ての経路の所要日数を計算する．

(1) ①→②→③→⑥→⑦→⑧→⑩→⑪　　$4+7+5+8+3+4=31$ 日
(2) ①→②→③→⑦→⑧→⑩→⑪　　$4+7+3+8+3+4=29$ 日
(3) ①→②→④→⑦→⑧→⑩→⑪　　$4+5+4+8+3+4=28$ 日
(4) ①→②→⑤→⑨→⑧→⑩→⑪　　$4+10+9+3+4=30$ 日
(5) ①→②→⑤→⑨→⑩→⑪　　$4+10+9+3+4=30$ 日

従って，①→②→③→⑥→⑦→⑧→⑩→⑪の経路がクリティカルパスであり，所要日数は 31 日となる．

● 最早開始時刻

各イベントにおいて作業を最も早く開始できる時刻で，計算手順は以下のとおりである（イベントに到達する最大値）．

① 出発点の最早開始時刻は，0 とする．
② 順次，矢線に従って所要日数を加えていく．
③ 2 本以上の矢線が入ってくる結合点では，最大値が最早開始時刻となる．

6-3 ネットワーク

例題 イベント⑦における最早開始時刻を求めよ.
解答 イベント⑦に到達する各ルートの日数を計算する.
(1) ①→②→③→⑥→⑦ $4+7+5=16$ 日
(2) ①→②→③→⑦ $4+7+3=14$ 日
(3) ①→②→④→⑦ $4+5+4=13$ 日
(1)～(3) より,**最大値の 16 日が最早開始時刻となる**.

● 最遅完了時刻

イベントを終点とする全ての作業が完了していなければならない時刻で,計算手順は以下のとおりである(ネットワークの最終点から逆算したイベントまでの最小値).

① 最終結合点から出発点に戻る.
② 最終結合点の最早開始時刻より,順次各作業の所要日数を引いていく.
③ 2 本以上の矢線が分岐する結合点では,最小値が最遅完了時刻となる.

例題 イベント③における最遅完了時刻を求める.
解答 イベント③から分岐するルートの日数を計算する.
(1) ③→⑥→⑦→⑧→⑩→⑪ $31-4-3-8-5=11$ 日
(2) ③→⑦→⑧→⑩→⑪ $31-4-3-8-3=13$ 日
(1),(2) より**最小値の 11 日が最遅完了時刻となる**.

フロート(余裕時間)

フロートとは,各作業についてその作業がとりうる余裕時間のことで,主に,トータルフロート(全余裕)およびフリーフロート(自由余裕)がよく使われる.

● トータルフロート

作業を最早開始時刻で始め,最遅完了時刻で完了する場合に生じる余裕時間をトータルフロートといい,以下の性質がある.

① トータルフロートが 0 ならば,他のフロートも 0 である.
② トータルフロートはそのアクティビティのみでなく,前後のアクティビティに関係があり,1 つの経路上では従属関係となる.

● フリーフロート

作業を最早開始時刻で始め,後続作業も最早開始時刻で始める場合に生じる余裕時間をフリーフロートといい,以下の性質がある.

① フリーフロートは必ずトータルフロートと等しいか，または小さい．
② フリーフロートは，これを使用しても，後続するアクティビティには何らの影響を及ぼすものではなく，後続するアクティビティは最早開始時刻で開始することが出来る．

> **例題** 作業Eにおけるトータルフロートおよびフリーフロートを求めよ．
> **解答**
> ・⑤における最早開始時刻：4 + 10 = 14 日
> ・⑤における最遅完了時刻：31 − 4 − 3 − 9 = 15 日
> （1） トータルフロート（⑤の最遅完了時刻）−（②の最早開始時刻 + 作業Eの所要日数）= 15 −（4 + 10）= 1 日
> （2） フリーフロート（⑤の最早開始時刻）−（②の最早開始時刻 + 作業Eの所要日数）= 14 −（4 + 10）= 0 日

配員計画

ネットワーク利用による管理として，山積図を作成することにより，所要人員，機械，資材の量を工程ごとに積上げ，山崩しを行い，余裕時間の範囲内で平均化を図り，必要最小限の量を算定する．

● 山積み図の作成

ピーク時における作業員数を最小とする配員計画の作成は，以下の手順による．
① クリティカルパス，最早開始時刻，最遅完了時刻を求める．
② 図表の上にクリティカルパス上の作業を配置する．
③ 人員数，作業日数，最早開始時刻，最遅完了時刻を考慮しながら，ピーク時の作業員数が最小となるように積上げ，山崩しを行いながら，残りの作業を配置していく．

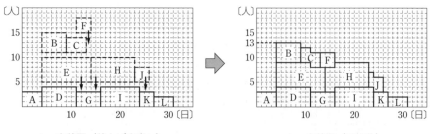

▲ 山積図（積上げ山崩し）　　▲ 山積図（平均化）

上図の場合，ピーク時の作業員が最小となるのは，13人である．

第7章

安全管理

災害防止対策をしっかりと

7-1 安全管理全般

■ 労働災害防止に向けて万全な対策

労働災害

労働災害の概要

① **労働災害の定義**：労働者の就業において，建設物，設備，原材料および作業の行動等業務に起因して労働者が負傷，疾病または死亡することをいい，業務外については含まれない．
② **労働災害の原因**：作業員に起因するもの，第三者に起因するものといった，人的要因のものが大半を占め，安全管理に起因するものが次に多い．
③ **建設業の労働災害**：建設業における死傷者数は全産業の2割以上を占め，第3四半期（10～12月）に集中する．
④ **年齢別被災率**：建設労働者の死亡被災率は，19歳以下および45歳以上の年齢層において高くなっている．

労働災害発生率

労働災害の発生率は下記の計算で求められる．

名　称	定　義	計算式
度数率	災害発生の頻度を示す指標で，100万労働延べ時間当たりの労働災害による死傷者数で表す．	度数率 = $\dfrac{死傷者数}{労働延べ時間数} \times 1\,000\,000$
強度率	災害による労働損失量を示す指標で，1000労働延べ時間当たりの労働損失日数で表す．	強度率 = $\dfrac{一定時間内の延べ労働損失日数}{一定時間内の労働延べ時間数} \times 1\,000$
年千人率	労働者1000人当たりの1年間に発生した死傷者数を表す．	年千人率 = $\dfrac{年間労働災害による死傷者数}{在籍労働者数} \times 1\,000$
月万人率	労働者1万人当たりの1カ月間に発生した死傷者数を表す．	月万人率 = $\dfrac{月間労働災害による死傷者数}{在籍労働者数} \times 10\,000$

安全管理計画

安全管理体制

① 労働安全衛生法に規定する特定の選任者と選任の基準は下表による．

選任すべき者	報告先	選任基準
統括安全衛生管理者	労基監督署長	100人以上
安全管理者	労基監督署長	50人以上
衛生管理者	労基監督署長	50人以上
安全衛生推進者	不要	10人以上50人未満
統括安全衛生責任者	労基監督署長	50人以上の下請混在事業場（ずい道，圧気，一定の橋梁工事では30人以上）
元方安全衛生管理者	労基監督署長	統括安全衛生責任者の補佐役として元請負人から選任
安全衛生責任者	特定元方事業者	統括安全衛生責任者の補佐役として下請負人から選任
店社安全衛生管理者	労基監督署長	鉄骨，鉄筋鉄骨工事で20人以上50人未満の混在事業場（ずい道，圧気，一定の橋梁工事では30人未満）
産業医	労基監督署長	50人以上
作業主任者	不要	特定作業で選任，労働者への周知

② 安全管理体制の例を以下に示す．

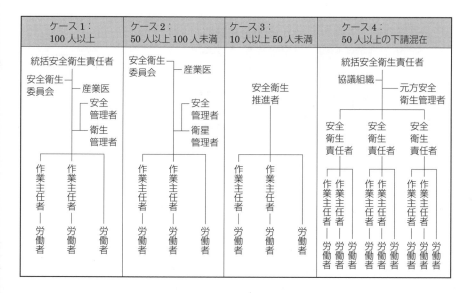

第7章 安全管理

工事現場における安全活動

現場における安全の確保のために，具体的な安全活動として下記のことを行う．

項　目	内　容
責任と権限の明確化	安全についての各職員，下請現場監督などの責任と権限を定め明確にする．
作業環境の整備	安全通路の確保，工事用設備の安全化，工法の安全化，工程の適正化，休憩所の設置などについて検討する．
安全朝礼の実施	作業開始前に作業員を集め，その日の仕事の手順や心構え，注意すべき点を話し，服装などの点検，安全体操などを行う．
安全点検の実施	工事用設備，機械器具などの点検および現場の巡回，施設作業方法の点検を行う．
安全競争の実施	班，職種などの単位で安全競争を実施して，優秀なものを表彰し，安全意欲の高揚を図る．
安全講習会，研修会，見学会等の実施	建設機械の運転，特殊技能者，現場監督者，作業主任者などの講習会，研修会への出席を図る．
安全掲示板，標識類の整備	作業員の見やすい場所に安全掲示板を設けて，ポスターや注意事項の掲示を行う．
安全週間等の行事の実施	安全週間，労働災害防止月間を実施し，安全体会その他特別安全行事を計画，実施する．
その他安全活動	安全当番制度，安全表彰の実施，ポスター，標語の掲示などを行う．

▲ 安全競争

▲ 安全掲示板

▲ 安全講習会

ツールボックスミーティング

作業主任者や現場監督者を中心として，その日の工程を念頭におきながら，安全作業を進めるための工夫を，作業員と相談しながら行うもので，議題となる内容には下記のようなものがある．

① その日の作業の内容，進め方と安全との関係
② 作業上特に危険な箇所，気をつける場所の明示とその対策
③ 同時作業が行われる場合の注意事項
④ 作業の手順と要点

⑤　現場責任者からの指示，安全目標などの周知
⑥　作業員の健康状態，服装，保護具などの確認

▲　ツールボックスミーティング

ワンポイントチェック！　ヒヤリ・ハット活動

　一件の重大なトラブル，災害の裏には，29件の軽微なミス，災害，そして300件のヒヤリ・ハットがあるとされる．ヒヤリ・ハットした事例を多く集め，その情報を公開，蓄積または公開するヒヤリ・ハット活動によって，重大な事故や災害を予防することができる．

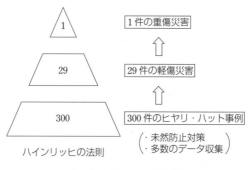

▲　ヒヤリ・ハット活動

7-2 仮設工事の安全対策

■ 仮設備作業に含まれる危険

墜落等による危険の防止

「労働安全衛生規則」第518条～第558条により，墜落危険防止対策について下記のとおり整理する．

●作業床

① 高さ2m以上で作業を行う場合，足場などにより作業床を設ける．
② 高さ2m以上の作業床の端や開口部等には囲いおよび覆いなどを設ける．
③ 吊り足場の場合を除き，床材の幅は40cm以上とし，床材間のすき間は3cm以下とする．
④ 吊り足場の場合を除き，床材は転位し，または脱落しないように2以上の指示物に取り付ける．
⑤ 墜落により労働者に危険を及ぼすおそれのある箇所には下表に示す手すりなどの設備を設ける．

足場の種類	手すりなどの設備
枠組足場	・交さ筋かいおよび高さ15cm以上40cm以下のさんもしくは高さ15cm以上の幅木またはこれらと同等以上の機能を有する設備 ・手すり枠
枠組足場以外の足場	・高さ85cm以上の手すりまたはこれらと同等以上の機能を有する設備

高さは床材上面から，手すりおよびさんの上端まで
(a) さんの設置　　　　　　(b) 幅木の設置

▲ 枠組足場

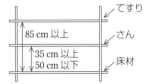

高さは床材上面から，手すりおよびさんの上端まで

▲ 枠組足場以外の足場（単管足場）

危険防止措置

① 高さ 2 m 以上で作業を行う場合，作業床を設けることが困難なときは，防網を張り，労働者に安全帯を使用させるなどの措置をして，墜落による労働者の危険を防止しなければならない．

② 作業のため物体が落下することにより，労働者に危険を及ぼすおそれのあるときは，高さ 10 cm 以上の幅木，メッシュシートもしくは防網またはこれらと同等以上の機能を有する設備を設ける．

③ 強風，大雨，大雪などの悪天候の時は危険防止のため，高さ 2 m 以上での作業をしてはならない．

④ 高さ 2 m 以上で作業を行う場合，安全作業確保のため，必要な照度を保持しなければならない．

移動はしご

① 丈夫な構造で，材料は著しい損傷，腐食がないものとする．
② 幅は 30 cm 以上とする．
③ 滑り止めおよび転位防止の措置を講ずる．

脚　立

① 丈夫な構造で，材料は著しい損傷，腐食がないものとする．
② 脚と水平面との角度を 75°以下とし，折りたたみ式の場合は開き止めの金具を備える．
③ 踏み面は，作業を安全に行うために必要な面積を有すること．

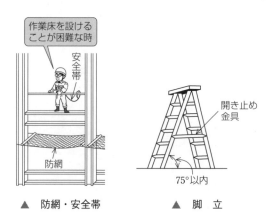

▲　防網・安全帯　　　　▲　脚　立

架設通路

① 勾配は 30°以下とする．ただし，階段を設けたものまたは高さが 2 m 未満で丈夫な手掛を設けたものはこの限りではない．

② 勾配が15°を超えるものには，踏さんその他の滑止めを設ける．
③ 墜落の危険のある箇所には，高さ85 cm以上の手すり，高さ35 cm以上50 cm以下のさんまたは同等以上の機能を有する設備を設ける．
④ 建設工事に使用する高さ8 m以上の登りさん橋には，7 m以内ごとに踊り場を設ける．

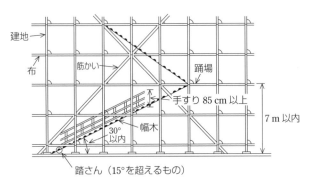

▲ 架設通路

投下設備，昇降設備

① 高さ3 m以上の高所から物体を投下するときは，適当な投下設備を設け，監視人を置くなどの措置を講じる．
② 高さ1.5 m超の箇所で作業を行う場合，昇降設備を設けることが作業の性質上著しく困難である場合以外は，労働者が安全に昇降できる設備を設けなければならない．

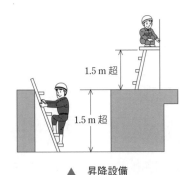

▲ 昇降設備

足場工の安全対策

足場工の安全対策について,「労働安全衛生規則」により下記に整理する.

条	項目	内容
第570条	鋼管足場	滑動又は沈下防止のためベース金具,敷板等を用い根がらみを設置する.
		鋼管の接続部又は交さ部は付属金具を用いて,確実に接続又は緊結する.
第571条第1項第一〜四号	(単管足場)	建地の間隔は,桁行方向1.85 m,はり間方向1.5 m以下とする.
		地上第一の布は2 m以下の位置に設ける.
		建地間の積載荷重は,400 kgを限度とする.
		最高部から測って31 mを超える部分の建地は2本組とする.
第571条第1項第五〜七号	(枠組足場)	最上層及び5層以内ごとに水平材を設ける.
		はり枠及び持送り枠は,水平筋かいにより横ぶれを防止する.
		高さ20 m以上のとき,主枠は高さ2.0 m以下,間隔は1.85 m以下とする.

● 足場の組立などの作業

吊り足場(ゴンドラの吊り足場を除く),張出し足場または高さが5 m以上の構造の足場の組立て,解体などの作業を行うときは下記の措置を講じる.
① 強風,大雨,大雪等の悪天候が予想されるときは作業を中止する.
② 足場材の緊結,取りはずし,受け渡しなどの作業では,20 cm以上の足場板を設け,労働者に安全帯を使用させるなどの危険防止措置を講じる.
③ 材料,器具,工具などを上げ,または下ろすときは,つり網,つり袋などを労働者に使用させる.

● 手すり先行工法

「手すり先行工法に関するガイドライン」により足場工の安全対策について整理する.
① 手すり先行工法とは,建設工事において,足場の組立てなどの作業を行うに当たり,労働者が足場の作業床に乗る前に,作業床の端となる箇所に適切な手すりを先行して設置し,かつ,最上層の作業床を取り外すときは,作業床の端の手すりを残置して行う工法であり,次の3つの方式がある.
② **手すり先送り方式**:足場の最上層に床付き布わくなどの作業床を取り付ける前に,最上層より一層下の作業床上から,建わくの脚注に沿って上下可能な手すりまたは手すりわくを設置する方式である.
③ **手すり据置き方式**:足場の最上層に床付き布わくなどの作業床を取り付ける前に,最上層より一層下の作業床上から,据置型の手すりまたは手すりわくを設置する方式である.

④ **手すり先行専用足場方式**：鋼管足場の適用除外が認められたわく組足場で，最上層より一層下の作業床上から，手すりの機能を有する部材を設置することができる，手すり先行専用のシステム足場による方式．

（a）手すり先送り方式　　（b）手すり据置き方式　　（c）手すり先行専用足場方式

▲　手すり先行工法

型枠支保工の安全対策

「労働安全衛生規則」第237条～第247条により型枠支保工の安全対策について，下記に整理する．

●型枠支保工についての措置
① 沈下防止のため，敷角の使用，コンクリートの打設，くいの打込みなどの措置を講ずる．
② 滑動防止のため，脚部の固定，根がらみの取付などの措置を講ずる．
③ 支柱の継手は，突合せ継手または差込み継手とする．
④ 鋼材の接続部または交さ部はボルト，クランプ等の金具を用いて，緊結する．

●鋼管支柱（パイプサポートを除く）
① 高さ2m以内ごとに水平つなぎを2方向に設け，かつ，水平つなぎの変位を防止する．
② はりまたは大引きを上端に載せるときは，鋼製の端板を取り付け，はりまたは大引きに固定する．

●パイプサポート支柱
① パイプサポートを3本以上継いで用いない．
② 4つ以上のボルトまたは専用の金具で継ぐ．
③ 高さが3.5mを超えるとき2m以内ごとに2方向に水平つなぎを設ける．

● 鋼管枠支柱
① 鋼管枠と鋼管枠との間に交差筋かいを設けること．
② 最上層および5層以内ごとの箇所において，型枠支保工の側面ならびに枠面の方向および交差筋かいの方向における5枠以内ごとの箇所に，水平つなぎを設け，かつ，水平つなぎの変位を防止する．
③ 最上層および5層以内ごとの箇所において，型枠支保工の枠面の方向における両端および5枠以内ごとの箇所に，交差筋かいの方向に布枠を設ける．

● 木材支柱
① 高さ2m以内ごとに水平つなぎを2方向に設け，かつ，水平つなぎの変位を防止する．
② 木材を継いで用いるときは，2個以上の添え物を用いて継ぐ．
③ はりまたは大引きを上端に載せるときは，添え物を用いて，はりまたは大引きに固定する．

● 型枠支保工の組立て
① 型枠支保工を組み立てるときは，組立図を作成し，組立図には，支柱，はり，つなぎ，筋かいなどの部材の配置，接合の方法および寸法を明示する．
② 型枠支保工の組立てまたは解体作業を行うときは，作業区域には関係労働者以外の立入りを禁止する．
③ 強風，大雨，大雪などの悪天候が予想されるときは作業を中止する．
④ 材料，器具，工具などを上げ，または下ろすときは，つり網，つり袋などを労働者に使用させる．

● コンクリート打設の作業
① コンクリート打設作業の開始前に型枠支保工の点検を行う．
② 作業中に異常を認めた際には，作業中止のための措置を講じておくこと．

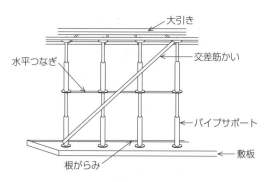

▲ 型枠支保工

土止め支保工の安全対策

「労働安全衛生規則」第368条〜第375条および「建設工事公衆災害防止対策要綱（土木工事編）」第41〜第54（土留工）により土止め支保工の安全対策について，下記に整理する．

● 土止め支保工の設置

① 土止め支保工は，掘削深さ1.5 mを超える場合に設置するものとし，4 mを超える場合は親杭横矢板工法または鋼矢板とする．
② 根入れ深さは，杭の場合は1.5 m，鋼矢板の場合は3.0 m以上とする．
③ 鋼矢板はⅢ型以上とする．
④ 親杭横矢板工法における土留杭はH-300以上，横矢板最小厚は3 cm以上とする．
⑤ 7日を超えない期間ごと，中震以上の地震の後，大雨などにより地山が急激に軟弱化するおそれのあるときには，部材の損傷，変形，変位および脱落の有無，部材の接続部，交叉部の状態について点検し，異常を認めたときは直ちに補強または補修をする．
⑥ 材料，器具，工具などを上げ，下ろすときはつり綱，つり袋などを使用する．

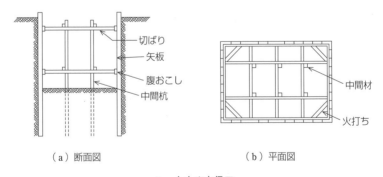

▲ 土止め支保工

● 部材の取付け

① 切ばりおよび腹おこしは，脱落を防止するため，矢板，くいなどに確実に取り付ける．
② 圧縮材の継手は，突合せ継手とする．
③ 切ばりまたは火打ちの接続部および切ばりと切ばりの交差部は当て板をあて，ボルト締めまたは溶接などで堅固なものとする．
④ 切ばりなどの作業においては，関係者以外の労働者の立入りを禁止する．

腹おこし
① 腹おこしにおける部材は H-300 以上，継手間隔は 6.0 m 以上とする．
② 腹おこしの垂直間隔は 3.0 m 程度とし，頂部から 1 m 程度以内のところに，第 1 段の腹おこしを設置する．

切ばり
① 切ばりにおける部材は H-300 以上とする．
② 切ばりの水平間隔は 5 m 以下，垂直間隔は 3.0 m 程度とする．
③ 切ばりの継手は，突合せ継手とし，座屈に対して水平継材または中間杭で切ばり相互を緊結固定する．
④ 中間杭を設ける場合は，中間杭相互にも水平連結材を取り付け，これに切ばりを緊結固定する．
⑤ 一方向切ばりに対して中間杭を設ける場合においては，中間杭の両側に腹おこしに準ずる水平連結材を緊結し，この連結材と腹おこしの間に切ばりを接続する．
⑥ 二方向切ばりに対して中間杭を設ける場合においては，切ばりの交点に中間杭を設置して，両方の切ばりを中間杭に緊結する．

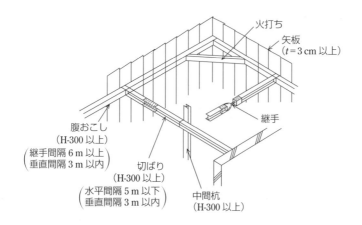

土留め工の管理
① 土留工を設置している間は，常時点検を行い，部材の変形，緊結部のゆるみなどの早期発見に努力し事故防止に努める．
② 必要に応じて測定計器を使用し，土留工に作用する荷重，変位などを測定し安全を確認する．
③ 土留工を設置している間は，定期的に地下水位，地盤沈下，移動を観測し，異常がある場合は保全上の措置を講じる．

7-3 建設機械の安全対策

■ 建設機械作業に含まれる危険

機械・装置・設備一般

●建設機械の選定と運用
① 機械選定に際しては，使用空間，搬入・搬出作業および転倒などに対する安全性を考慮して選定する．
② 使用場所に応じて，作業員の安全を確保するため，適切な安全通路を設けること．
③ 建設機械の運転・操作にあたっては，有資格者および特別の教育を受けた者が行う．

●建設機械の使用環境
① 危険防止のために，作業箇所での必要な照度を確保する．
② 機械設備には粉じん，騒音，高温低温などから作業員を保護する措置を講じる．これが困難な場合は保護具を着用させる．
③ 運転に伴う加熱，発熱，漏電などで火災のおそれがある機械は，良く整備してから使用し，消火器などを装備する．また，燃料の補給は必ず機械を停止してから行う．
④ 接触のおそれがある高圧線には，必ず防護措置を講じる．防護措置を講じない高圧線の直下付近で作業または移動を行う場合は，誘導員を配置する．
⑤ ブーム等は少なくとも電路から下表の離隔距離を確保する．

電路の電圧（交流）	離隔距離
特電高圧（7 000 V 以上）	2 m 以上，ただし，60 000 V 以上は 10 000 V またはその端数を増すごとに 20 cm 増し
高圧（600～7 000 V）	1.2 m 以上
低圧（600 V 以下）	1.0 m 以上

車両系建設機械

●車両系建設機械の種類
車両系建設機械とは，動力を用い，かつ，不特定の場所に自走できるもので，用途別に下記の種類がある．
① 整地，運搬，積込み用機械：ブルドーザ，モータグレーダ，トラクタショベル，ずり積み機，スクレーパ，スクレープドーザ

7-3 建設機械の安全対策

② **掘削用機械**：バックホウ，パワーショベル，ドラグショベル，ドラグライン，クラムシェル，バケット掘削機，トレンチャー
③ **基礎工事用機械**：杭打ち機，杭抜き機，アースドリル，リバースサーキュレーションドリル，アースオーガ，ペーパードレーンマシーン
④ **締固め用機械**：ロードローラ，タイヤローラ，振動ローラ，タンピングローラ
⑤ **コンクリート打設機械**：コンクリートポンプ車
⑥ **解体用機械**：ブレーカ

（a）バックホウ

（b）ブルドーザ

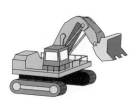

（c）ショベル

（d）クラムシェル

（e）ロードローラ

（f）タイヤローラ

（g）コンクリートポンプ車

▲ 車両系建設機械

車両系建設機械の安全対策

労働安全衛生規則から，車両系建設機械の安全対策について，下記に整理する．

条	項　目	内　　容
第152条	前照灯の設置	前照灯を備える（照度が保持されている場所を除く）．
第153条	ヘッドガード	岩石の落下等の危険箇所では堅固なヘッドガードを備える．
第157条	転落等の防止	運行経路における路肩の崩壊防止，地盤の不同沈下の防止を図る．
第158条	接触の防止	接触による危険箇所への労働者の立入禁止及び誘導者の配置．
第159条	合図	一定の合図を決め，誘導者に合図を行わせる．
第160条	運転位置から離れる場合	バケット，ジッパー等の作業装置を地上に下ろす．原動機を止め，走行ブレーキをかける．
第161条	移送	積卸しは平坦な場所，道板は十分な長さ，幅，強度で取り付ける．
第164条	主たる用途以外の使用制限	パワーショベルによる荷のつり上げ，クラムシェルによる労働者の昇降等の主たる用途以外の使用を禁止する．

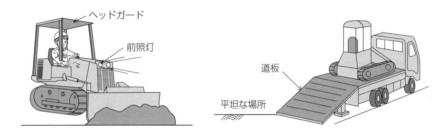

① 斜面や崩れやすい地盤上に機械を置かないこと．
② 軟弱な路肩，法肩に接近しないように作業を行い，近づく場合は，誘導員を配置する．
③ 路上で作業する場合は，各種標識，バリケード，夜間照明などを設置する．

7-4 クレーン作業の安全対策

■ クレーン作業に含まれる危険

クレーン等安全規則

●用語の定義

① **移動式クレーン**：原動機を内蔵し，かつ，不特定の場所に移動させることができるクレーンをいう．

② **建設用リフト**：荷のみを運搬することを目的とするエレベーターで，土木，建築等の工事の作業に使用されるものをいう．

③ **簡易リフト**：エレベーターのうち，荷のみを運搬することを目的とするエレベーターで，搬器の床面積が $1\,m^2$ 以下またはその天井の高さが $1.2\,m$ 以下のものをいう（②の建設用リフトを除く）．

④ **吊上げ荷重**：構造および材料に応じて負荷させることができる最大の荷重をいう．

⑤ **積載荷重**：構造および材料に応じてこれらの搬器に人または荷をのせて上昇させることができる最大の荷重をいう．

⑥ **定格荷重**：構造および材料に応じて負荷させることができる最大の荷重から，それぞれフック，グラブバケットなどの吊り具の重量に相当する荷重を引いた荷重をいう．

●適用の除外

① クレーン，移動式クレーンまたはデリックで，吊上げ荷重が $0.5\,t$ 未満のものは適用しない．

② エレベーター，建設用リフトまたは簡易リフトで，積載荷重が $0.25\,t$ 未満の

（a）移動式クレーン

（b）建設用リフト

▲ クレーンの種類

ものは適用しない．

移動式クレーン

● 作業方法の決定
転倒等による労働者の危険防止のために以下の事項を定める．
① 移動式クレーンによる作業の方法
② 移動式クレーンの転倒を防止するための方法
③ 移動式クレーンの作業に係る労働者の配置および指揮の系統

● 配置据付
① 作業範囲内に障害物がないことを確認し，もし障害物がある場合はあらかじめ作業方法の検討を行う．
② 設置する地盤の状態を確認し，地盤の支持力が不足する場合は，地盤の改良，鉄板などにより，吊り荷重に相当する地盤反力を確保できるまで補強する．
③ 機体は水平に設置し，アウトリガーは作業荷重によって，最大限に張り出す．
④ 荷重表で吊上げ能力を確認し，吊上げ荷重や旋回範囲の制限を厳守する．
⑤ 作業開始前に，負荷をかけない状態で，巻過防止装置，警報装置，ブレーキ，クラッチ等の機能について点検を行う．

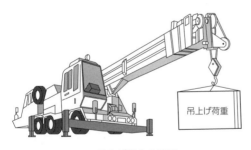

▲ 吊上げ能力の確認

▲ 作業開始前の点検

● 移動式クレーンの作業
① 運転開始後しばらくして，アウトリガーの状態を確認し，異常があれば調整する．
② 吊上げ荷重が1t未満の移動式クレーンの運転をさせるときは特別教育を行う．
③ 移動式クレーンの運転士免許が必要となる（吊上げ荷重が1～5t未満の場合は，運転技能講習修了者で運転が可能となる）．
④ 定格荷重を超えての使用は禁止する．

7-4 クレーン作業の安全対策

⑤ 軟弱地盤や地下工作物などにより転倒のおそれのある場所での作業は禁止する．
⑥ アウトリガーまたはクローラは最大限に張り出さなければならない．
⑦ 一定の合図を定め，指名した者に合図を行わせる．
⑧ 労働者を運搬したり，吊り上げての作業は禁止する（ただし，やむを得ない場合は，専用のとう乗設備を設けて乗せることができる）．
⑨ 作業半径内の労働者の立入を禁止する．
⑩ 強風のために危険が予想されるときは作業を禁止する．
⑪ 荷を吊ったままでの，運転位置からの離脱を禁止する．

1t未満の吊上げ荷重の場合，特別教育が必要

人を吊り上げた状態で運搬や作業するのは禁止

作業半径内への立ち入りは禁止

荷を吊った状態で，運転者が運転位置から離脱するのは禁止

▲ 移動式クレーンの作業

◦玉掛け作業

① 吊り荷に見合った玉掛け用具をあらかじめ用意・点検する．
② ワイヤロープにうねり，くせ，ねじりが見つかった場合は取り替えるかまたは直してから使用する．
③ 移動式クレーンのフックは吊り荷の重心に誘導する．吊り角度と水平面のなす角度は60°以内とする．
④ ロープが滑らない吊り角度，あて物，玉掛け位置など荷を吊ったときの安全

を事前に確認する．
⑤ 重心の偏った物等に対して特殊な吊り方をする場合，事前にそれぞれのロープにかかる荷重を計算して，安全を確認する．
⑥ 吊上げ荷重が1t以上の移動式クレーンの場合には，技能講習を修了した者が玉掛け作業を行う．また，1t未満の移動式クレーンの場合は特別講習を修了した者が行う．
⑦ ワイヤロープは，最大荷重の6倍以上の切断荷重のものを使用しない．
⑧ ワイヤロープ1よりの間の素線の数が10%以上切断しているものは使用しない．

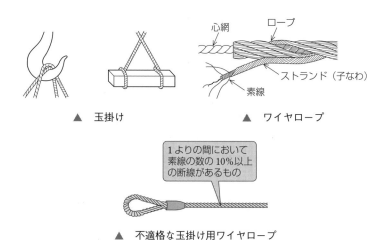

▲ 玉掛け　　　▲ ワイヤロープ

▲ 不適格な玉掛け用ワイヤロープ

7-5 掘削作業の安全対策

■ 掘削作業に含まれる危険

掘削作業の一般事項

点検調査	地山の崩壊または土砂の落下による労働者の危険を防止するため，点検者を指名して，作業箇所およびその周辺について，その日の作業を開始する前，大雨の後および中震以上の地震の後には，下記の点についてあらかじめ調査を行う． ・形状，地質，地層の状態 ・亀裂，含水，湧水および凍結の有無 ・埋設物などの有無 ・高温のガスおよび上記の有無など
崩壊防止	・土砂地盤を垂直に 2 m 以上掘削する場合は，土止め支保工を設ける． ・市街地や掘削幅が狭いときには，深さ 1.5 m 以上掘削する場合にも，土止め支保工を設ける． ・法面が長くなる場合は，数段に区切って掘削する．
埋設物	・埋設物は吊り防護，受け防護などにより堅固に支持するとともに，状況に応じて明確に表示し，防護柵を設ける． ・埋設物に近接して作業をするときは，原則として埋設物管理者の立会いのもとに作業を実施する． ・予定しない埋設物が現れたときには，作業を中止して埋設物管理者に通報し，その立会いのもとで処理をする．
落石予防措置	・掘削により土石が落下するおそれがあるときは，その下方で作業をしない． ・土石が落下するおそれがあるときは，その下方に通路を設けない．

人力掘削

◦ 掘削面の勾配

人力掘削における掘削面の勾配は，地山の区分，掘削面の高さによる．

地山の区分	掘削面の高さ	勾配
岩盤または堅い粘土からなる地山	5 m 未満	90°以下
	5 m 以上	75°以下
その他の地山	2 m 未満	90°以下
	2 m 以上 5 m 未満	75°以下
	5 m 以上	60°以下
砂からなる地山	勾配 35°以下または高さ 5 m 未満	
発破などにより崩壊しやすい状態の地山	勾配 45°以下または高さ 2 m 未満	

第7章 安全管理

■第7章 安全管理

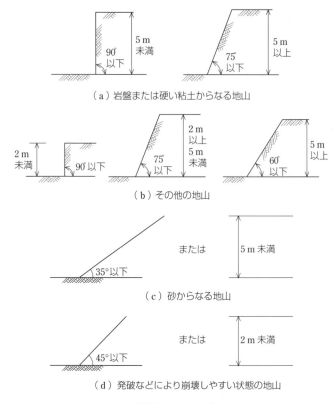

▲ 掘削面の勾配と高さ

機械掘削

●機械掘削作業における災害事故の一例
① 機械が路肩などから転落して運転者が下敷きとなる．
② 機械周辺の作業員が，機械に接触し轢かれる．
③ 機械の点検作業中，不意に落下したアームに挟まれたり，巻き込まれる．
④ 機械の本来の目的以外の使用方法により事故が発生する．

●資格・講習など
① 高さ2m以上の掘削作業は，技能講習を修了した地山掘削作業主任者の指揮により作業を行う．
② 掘削機械，トラックなどは法定の資格を持ち，指名された運転手のほかは運転しないこと．

7-5 掘削作業の安全対策

● 機械掘削作業における留意事項

① 作業員の位置に絶えず注意し，作業範囲内に作業員を入れないこと．
② 後進させるときは，後方を確認し，誘導者の指示により後進する．
③ 荷重およびエンジンをかけたまま運転席をはなれないこと．また，運転席を離れる場合はバケットなどの作業装置を地上に下ろすこと．
④ 斜面や崩れやすい地盤上に機械を置かないこと．
⑤ 既設構造物などの近くを掘削する場合は，転倒，崩壊に十分配慮する．
⑥ 作業区域をロープ，柵，赤旗などで表示する．
⑦ 軟弱な路肩，法肩に接近しないように作業を行い，近づく場合は，誘導者を配置する．
⑧ 道路上で作業を行う場合は，「道路工事保安施設設置基準」に基づいて各種標識，バリケード，夜間照明などを設置する．

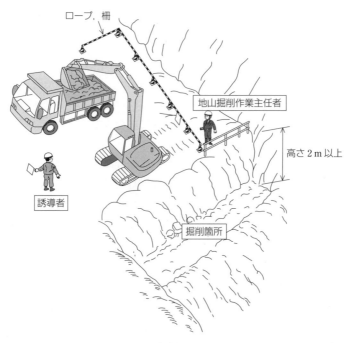

▲ 機械掘削作業

7-6 公衆災害防止対策

■ 建設工事による第三者への危険

建設工事公衆災害防止対策要綱（土木）

●作業場（要綱第10〜第16）

① 作業場は周囲と明確に区分し，公衆が誤って作業場に立ち入ることのないように，固定柵またはこれに類する工作物を設置する．

② 道路上に作業場を設ける場合には，原則として交通流に対する背面から車両を出入りさせ，やむを得ず交通流に平行する部分から車両を出入りさせる場合には，交通誘導員を配置し，一般車両の通行を優先させる．

③ 作業場の出入口には，原則として引戸式の扉を設け，作業に必要のない限り閉鎖し，公衆の立入りを禁ずる標示板を掲げる．

④ 車両の出入りが頻繁なときは扉を開放しておくことができるが，必ず見張り員を配置する．

●交通対策（要綱第17〜第27）

① 道路敷地内およびこれに接する作業場で施工する際の道路標識，標示板などの設置，一般交通を迂回させる場合の案内用標示板などの設置，通行制限する場合の車道幅員確保などの安全対策を行うにあたっては，道路管理者および所轄警察署長の指示に従う．

② 道路上または道路に接して夜間工事を行う場合には，作業場を区分する柵などに沿って，150m前方から視認できる保安灯を設置する．

③ 特に交通量の多い道路上で工事を行う場合は，工事中を示す標示板を設置し，必要に応じて夜間200m前方から視認できる注意などを設置する．

▲ 道路交通対策

●埋設物（要綱第33〜第40）

① 埋設物に近接して工事を施工する場合には，あらかじめ埋設物管理者および関係機関と協議し，施工の各段階における埋設物の保全上の措置，実施区分，

防護方法，立会いの有無，連絡方法などを決定する．
② 埋設物が予想される場所で工事を施工しようとするときは，台帳に基づいて試掘などを行い，埋設物の種類，位置などを原則として目視により確認する．
③ 埋設物に近接して掘削を行う場合は，周囲の地盤のゆるみ，沈下などに注意し，必要に応じて補強，移設などの措置を講じる．

● **土留め工**（要綱第41～第54：第7章2節「土止め支保工の安全対策」参照）
① 掘削深さが1.5 mを超えるときは，原則として土留め工を設置する．
② 特に4 mを超えるなどの重要な仮設工事には親杭横矢板，鋼矢板などを用いた確実な土留め工を設置する．
③ 杭，横矢板などの根入れ長は，安定計算，支持力の計算，ボイリングおよびヒービングの計算により決定する．
④ 重要な仮設工事における根入れ長は，杭の場合は1.5 m，鋼矢板の場合は3.0 mを下回ってはならない．

● **高所作業**（要綱第99～第103）
① 地上4 m以上の高さを有する構造物を建設する場合においては，原則として，工事期間中作業場の周辺にその地盤面から高さが1.8 m以上の仮囲いを設ける．
② 高所作業において必要な材料などについては，原則として，地面上に集積する．
③ 地上4 m以上の場所で作業する場合においては，作業する場所から俯角75度以上のところに交通利用されている場所があるときは，板材などで覆うなどの落下物による危害防止の施設を設ける．

7-7 その他危険工事の安全対策

■ まだまだある危険な工事

● 基礎工事安全対策

◎機械作業一般対策

① 地下埋設物，架空工作物，鉄道施設などに近接して作業を行う場合は，関係機関と連絡を取り合い，立会を求める．

② 機械の移動にあたって，近くに高圧電線がある場合は，ゴムシールドを取り付けるなどの防護を行う．

③ 防護措置を施さないで高圧線の近くで作業または移動を行うときは，必ず監視員を置き，関係者の立会を求める．

④ タワーなどは電線から十分な離隔をとる．

◎くい打機・ワイヤロープ安全対策

条	項目	内容
第173条	倒壊防止	軟弱な地盤上の場合は，沈下防止のため敷板，敷角等を使用する．
		脚部又は架台が滑動のおそれがある場合は，くい，くさびで固定する．
		バランスウェイトは移動防止のため，架台に着実に固定する．
第174条 第176条	ワイヤロープ	巻上げ用ワイヤロープは次のものを使用する． ①安全係数6以上． ②継目，キンク，形くずれ，腐食のないもの． ③ワイヤの素線切断が10％未満のもの． ④直径の減少が公称径の7％以下のもの．
第180条	みぞ車の位置	巻胴の軸とみぞ車の軸の距離は巻胴の幅の15倍以上とする．
		巻上げ装置の巻胴の中心を通り，かつ軸に垂直な面上にあること．

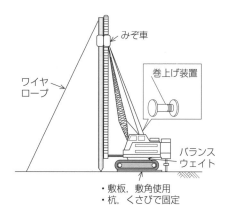

・敷板，敷角使用
・杭，くさびで固定

ずい道作業安全対策

観察および点検
① 作業を行うときには，毎日，掘削箇所および周辺地山について，地層，地質，含水，湧水，可燃性ガスの有無および状態を観察し記録する．
② トンネル内部の地山，支保工，可燃性ガスについて，毎日作業開始前および中震以上の地震の後および発破を行った後に点検する．

可燃性ガス対策
① 点検時および可燃性ガスに異常を認めたときには，濃度測定を行う．
② 可燃性ガスによる危険がある場合に，自動警報装置を設置し，毎日作業前に点検する．
③ 出入口から切羽までの距離が100 mに達したとき，サイレン，非常ベルなどの警報設備，同じく500 mに達したときは，警報設備および電話などの通話装置を設置する．
④ 可燃性ガス濃度が30％を超えたときは，立入禁止とし，退避する．

トンネル支保工の安全対策
① 脚部には，沈下防止のための皿板などを用いる．
② 建込み間隔は1.5 m以下とし，つなぎボルト，筋かいなどを用いて，強固に連結する．

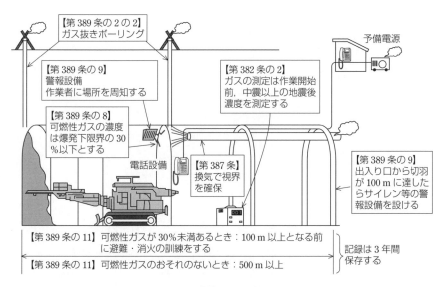

▲ 可燃性ガス対策

酸素欠乏症等防止対策

● 酸素欠乏の定義

酸素欠乏とは，空気中の酸素濃度が 18％未満の状態をいい，酸素欠乏等とは，空気中の硫化水素濃度が 100 万分の 10 を超える状態のことをいう．

● 防止対策

① 作業開始前に酸素濃度を測定し，記録は 3 年間保存する．
② 酸素欠乏，酸素欠乏等の状態にならないように，十分換気する．
③ 酸素欠乏，酸素欠乏等のおそれが生じたときには直ちに退避する．
④ 酸素欠乏危険作業に従事するとき，転落するおそれのあるときは，安全帯その他の命綱を着用する．
⑤ 酸素欠乏危険作業に従事するとき，作業場所での入退場時の人員を点検する．

高気圧作業安全対策

● 圧気作業設備

① 作業室の気積は作業者 1 人につき 4 m^3 以上とする．
② 気閘室の床面積および気積は作業者 1 人につきそれぞれ 0.3 m^2 以上および 0.6 m^3 以上とする．
③ 作業室および気閘室には，専用の排気管を設け，減圧を行うための排気管は内径 53 mm 以下とする．

● 業務中の管理

① 作業室ごとに，高圧室内作業主任者を選任する．
② 加圧の速度は，毎分 0.08 N/mm^2 以下とする．
③ 作業員の健康診断は 6 ヶ月に 1 回行う．
④ 送排気管等のバルブ，コックは毎日点検を行う．

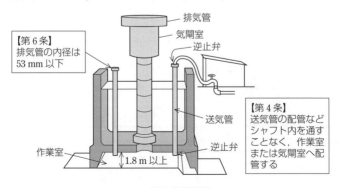

▲ 圧気作業設備

粉じん障害防止対策

◦粉じん作業の定義
① 鉱物などを掘削する場所における作業（屋外で動力または発破によらない場所を除く）
② 坑内の鉱物などを破砕，粉砕，ふるいわけ，積み込み，積み卸す場所における作業（水の中の作業は除く）および運搬作業
③ 屋内，坑内などの内部における金属溶断，アーク溶接，ガウジング作業（屋内での自動溶断，自動溶接は除く）
④ 長大ずい道内部でのホッパー車からバラストの取り卸し，マルチプルタイパンパーによる道床つき固めの作業

◦安全対策
① 屋内，坑内での粉じん作業（特定粉じん作業を除く）を行う場合には，換気装置を設置し，換気を行う．
② 局所排気装置は，粉じんの発生源ごとに，できるだけ近い位置に設ける．

▲ 粉じん作業

▲ 局所排気装置

土木豆辞典

■ トンネル工事の言い伝え

【トンネル作業現場に女性は絶対に入れてはならない！】（近年，女性の土木技術者も多くなり，気にすることも少なくなったが，こだわる職人も未だ多い）

- 一説：トンネル掘る山の神さんは，女性の神さんであり，女性を切羽（最先端の掘削作業場）に入れると神さんが嫉妬心からやきもちを焼き，地山を揺さぶり落盤を起こす．
- 二説：トンネル現場は，非常に過酷で，山の緩みは，気の緩みから…と言われるように緊張の連続で気を緩め油断すると落盤で命を落とす．よって，うす暗い切羽に女性がいると作業員の気が散り，集中力欠乏で事故が起きる．

【抗口（トンネル入口）でおしっこをするな】

トンネルの入口で小便をすれば入口が崩壊し生埋めとなるので絶対にしてはならない．また，入口は神殿の真正面であり，神におしっこをかけるようなもので罰が当たる．

【腹巻きは，さらし布を使え！】

隧道掘削の抗夫は必ず腹巻きにさらし布を巻いていた．これは，おなかを冷やさないようにする事はもちろんであるが，事故があった場合，紐に，包帯に，ターバンにし頭部の保護にと使える．坑内は暗闇であり行動を共にし脱出するときの誘導紐として使う．よって，昔の抗夫は，必ず巻いていた．

■ 安全祈願

【地鎮祭（じちんさい）】

土木工事や建築などで工事を始める前に行うもので，その土地の神様（氏神様）を鎮め，土地利用の許しを得，工事の安全を祈る為である．土地の四隅に青竹を立て，その間を注連縄で囲って祭場とし，斎主たる神職のもと，建築業者・施主の参列の上で執り行う．

【神棚の大きさは？】

安全施工等神棚を奉る場合の棚の大きさは，長さ3尺6寸5分，幅1尺2寸，板厚1寸2分が良いとされている（一年の長さ：365日（12ヶ月）と，干支：12支に因んで決められた？）．

【貫通石（かんつうせき）】

トンネルの貫通した石は，「安産」のお守りとして珍重されており，最近では「石（意志）を貫いて難関突破」，「見通しが明るい」の意味から「受験」の御守としても人気がある．

第 8 章

品 質 管 理

良いものをしっかりと造る

8-1 品質管理基本事項
■ 工事の規格を満足するための管理体系

品質管理の定義と条件

● 品質管理の定義
① 目的とする機能を得るために，設計・仕様の規格を満足する構造物を最も経済的に作るための，工事の全ての段階における管理体系のことである．
② 施工中の管理のみならず，工事の調査，設計，施工，供用全ての段階における内容を包含し，工事担当者全員の認識と協力のもとで，工事の各段階を通じて，一貫した周到な計画，着実な実行があって初めて効果的になる．

● 品質管理の条件
品質管理においては，次の2つの条件を同時に満足することが必要である．
① 構造物が規格を満足していること．
② 工程（原材料，設備，作業者，作業方法等）が安定していること．

● 品質管理の効果
品質管理を行うことにより得られる効果には次のようなものがある．
① 品質が向上し，不良品の発生やクレームが減少する．
② 品質が信頼される．
③ 原価が下がる．
④ 無駄な作業が減少し，手直しがなくなる．
⑤ 品質の均一化が図れる．
⑥ 検査の手間を大幅に減らせる．

▲ 品質管理

品質管理の手順

● PDCA サイクル

品質管理は，下記のような PDCA サイクルを回しながら行う．

区 分	手 順	内　　容
Plan （計画）	手順 1	管理すべき品質特性を決め，その特性について品質標準を定める．
	手順 2	品質標準を守るための作業標準（作業の方法）を決める．
Do （実施）	手順 3	作業標準に従って施工を実施し，データ採取を行う．
	手順 4	作業標準（作業の方法）の周知徹底を図る．
Check （検討）	手順 5	ヒストグラムにより，データが品質規格を満足しているかをチェックする．
	手順 6	同一データにより，管理図を作成し，工程をチェックする．
Act （処置）	手順 7	工程に異常が生じた場合に，原因を追及し，再発防止の処置をとる．
	手順 8	期間経過に伴い，最新のデータにより，手順 5 以下を繰り返す．

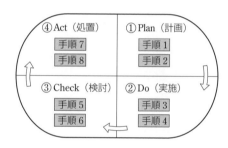

▲ PDCA サイクル

8-2 品質特性

■ 総合的に判断できる選定条件が重要

品質特性の選定

● 品質特性の選定条件
品質特性の選定条件は下記の点に留意する．
① 工程の状況が総合的に表れるもの．
② 構造物の最終の品質に重要な影響を及ぼすもの．
③ 選定された品質特性（代用の特性も含む）と最終の品質と関係が明らかなもの．
④ 容易に測定が行える特性であること．
⑤ 工程に対し容易に処置がとれること．

● 品質標準の決定
品質標準の決定には下記の点に留意する．
① 施工にあたって実現しようとする品質の目標を選定する．
② 品質のばらつきの程度を考慮して余裕をもった品質を目標とする．
③ 事前の実験により，当初に概略の標準をつくり，施工の過程に応じて試行錯誤を行い，標準を改訂していく．

● 作業標準の決定
作業標準（作業方法）の決定には下記の点に留意する．
① 過去の実績，経験および実験結果をふまえて決定する．
② 最終工程までを見越した管理が行えるように決定する．
③ 工程に異常が発生した場合でも，安定した工程を確保できる作業の手順，手法を決める．
④ 標準は明文化し，今後のための技術の蓄積を図る．

▲ 品質特性の選定

品質特性と試験方法

コンクリート工事

コンクリートの品質管理は，骨材およびコンクリートに区分し，特性と試験方法を整理する．

区　分	品質特性	試験方法	区　分	品質特性	試験方法
骨　材	粒度	ふるい分け試験	コンクリート	スランプ	スランプ試験
	すりへり量	すり減り試験		空気量	空気量試験
	表面水量	表面水率試験		単位容積質量	単位容積質量試験
	密度・吸水率	密度・吸水率試験		混合割合	洗い分析試験
				圧縮強度	圧縮強度試験
				曲げ強度	曲げ強度試験

土工

土工の品質管理は，材料，施工現場に区分し特性と試験方法を整理する．

区　分	品質特性	試験方法	区　分	品質特性	試験方法
材　料	粒度	粒度試験	施工現場	締固め度	土の密度試験
	液性限界	液性限界試験		施工含水比	含水比試験
	塑性限界	塑性限界試験		CBR	現場 CBR 試験
	自然含水比	含水比試験		支持力値	平板載荷試験
	最大乾燥密度・最適含水比	突固めによる土の締固め試験		貫入指数	貫入試験

路盤工

路盤工の品質管理は材料および施工に区分し特性と試験方法を整理する．

区　分	品質特性	試験方法	区　分	品質特性	試験方法
材　料	粒度	ふるい分け試験	施　工	締固め度	土の密度試験
	塑性指数（PI）	塑性試験		支持力	平板載荷試験，CBR 試験
	含水比	含水比試験			
	最大乾燥密度・最適含水比	突固めによる土の締固め試験			
	CBR	CBR 試験			

第8章 品質管理

● アスファルト舗装

アスファルト舗装の品質管理は，材料，プラント，施工現場に区分し特性と試験方法を整理する．

区 分	品質特性	試験方法	区 分	品質特性	試験方法
材 料	針入度	針入度試験	施工現場	安定度	マーシャル安定度試験
	すり減り減量	すり減り試験		敷均し温度	温度測定
	軟石量	軟石量試験		厚さ	コア採取による測定
	伸度	伸度試験		混合割合	コア採取による試験
	粒度	粒度試験		密度（締固め度）	密度試験
プラント	混合温度	温度測定		平坦性	平坦性試験
	アスファルト量・合成粒度	アスファルト抽出試験			

▲ アスファルト舗装

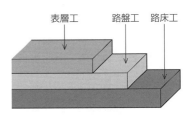
▲ 道路構造

8-3 品質管理の方法

■ 基準値と規格値をしっかりと判断する

測定値

● サンプリング

① 品質管理においては，数多くある製品の一部を取り出し，その一部のデータによって，対象の製品全体の性質を統計的に推測する方法をとる．

② 資料やデータにより調べようとする集団を，母集団という．

③ 母集団からある目的を持って抜き取ったものをサンプルといい，母集団から試料として抽出することを，サンプリングという．

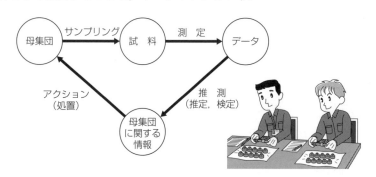

● 統計量

統計量計算の例として，測定値が下記の場合の数値を示す．

> 12, 13, 14, 15, 16, 17, 19, 19, 19, 21, 22
> 測定値数 $n = 11$
> 測定値の合計 = 187

① **平均値（$\bar{x}$）**：測定値の単純平均値

$\bar{x} = 187/11 = 17.0$

② **メディアン（Me）**：測定値を大きさの順に並べたとき，奇数個の場合は中央の値，偶数個の場合は中央2個の平均値

$Me = 17$

③ **モード（Mo）**：測定値の分布のうち最も多く現れる値

$Mo = 19$

④ **レンジ（R）**：測定値の最大値と最小値の差

$R = 22 - 12 = 10$

⑤ **残差平方和（S）**：残差 $(x-\bar{x})$ を 2 乗した値の和
 $S = \Sigma(x-\bar{x})^2 = 108.0$

⑥ **分散（s^2）**：残差平方和を測定値総数（n）で除した値
 $s^2 = S/n = 108.0/11 = 9.8$

⑦ **不偏分散（V）**：残差平方和を（$n-1$）自由度で除した値
 $V = S/(n-1) = 10.8/10 = 10.8$

⑧ **標準偏差（σ）**：不偏分散（V）の平方根
 $\sigma = \sqrt{V} = \sqrt{10.8} = 3.29$

⑨ **変動係数（Cv）**：測定値の標準偏差（σ）と平均値（$\bar{x}$）の百分比
 $Cv = 3.29/17.0 \times 100 = 19.35\%$

管理基準値と規格値

管理基準値

① 管理基準値は，「規格値」の範囲内に収まるよう，受注者が実施する施工管理の「目標値」として示したものであり，受注者がそれぞれの考え方で定めればよいが，厳しく定めれば必然的にコストアップにつながり，緩くすれば規格値を外れるものが出てくる可能性がある．しかし，農林水産省では，工種ごとの特性経験などを考慮し，「土木工事施工管理基準」に，おおむね規格値の 2/3 をもって，管理基準値として示している．

② この管理基準値のもとに施工された出来形が，規格値の上・下限を越える事は通常ありえない．万が一，ある点で外れたとしても即不合格ではないが，このような場合には，しかるべき修正措置をとる必要がある．

規格値

① 規格値は，設計値と出来形測定値，試験値との差の限界値であり，測定・試験値は全て規格値の範囲内になければならない．

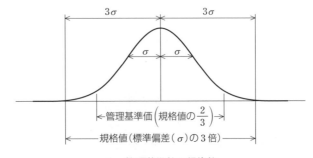

▲ 管理基準値と規格値

② 規格値は，技術的にみて機能，構造上支障なく，また，目的物の受取対象として許容しうる差，および過去の施工管理データ，現場の経験などから，現在の常識的な土木技術では避けられない設計値との差を統計処理することにより求められるものである．

③ 農林水産省で定められた規格値は，工種および統計的な数値の特性などにより一概にはいえないが，おおむね標準偏差（σ）の3倍を目安として定めている．

ヒストグラム

ヒストグラムとは，測定データのばらつき状態をグラフ化したもので，分布状況により規格値に対しての品質の良否を判断する．

● 規格値

① 品質特性について，製品の許容できる限界値を設定するため，規格中に与えられている限界の値をいう．

② 上限または下限のみを定めた片側規格値と，上下限両方を定めた両側規格値がある．

③ 建設工事の場合は，共通仕様書などの中で，品質および出来形の規格値として示されることが多い．

▼規格値の例（国土交通省）

工　種	測定項目	規格値〔mm〕
コンクリートブロック積工 コンクリートブロック張工 緑化ブロック工	厚さ t	-50
	法長 $l < 3\,\mathrm{m}$	-50
	法長 $l \geqq 3\,\mathrm{m}$	-100
	基準高▽	± 50
	延長 L	-200
歩道路盤工	基準高	± 50
	厚さ	$t < 15\,\mathrm{cm}\ -25$ $t \geqq 15\,\mathrm{cm}\ -50$
	幅	-100
歩道舗装工	厚さ	-9
	幅	-30

■第8章 品質管理

● ヒストグラムの作成
ヒストグラムの作成は次の手順で行う．
① データを多く集める（50〜100 個以上）．
② 全データの中から最大値（x_{max}），最小値（x_{min}）を求める．
③ 全体の上限と下限の範囲（$R = x_{max} - x_{min}$）を求める．
④ データ分類のためのクラスの幅を決める．
⑤ x_{max}, x_{min} を含むようにクラスの数を決め，全データを割り振り，度数分布表を作成する．度数分布は「正」ではなく「〢〢〢」で表す．
⑥ 横軸に品質特性，縦軸に度数をとり，ヒストグラムを作成する．

クラス	代表値	x_1	x_2	x_3	x_4	x_5	合計
18.5〜20.5	19.5				/	/	2
20.5〜22.5	21.5				/	/	2
22.5〜24.5	23.5		〢〢〢 /	////	///	/	14
24.5〜26.5	25.5	///	/	////	/	/	10
26.5〜28.5	27.5	////	/	/	/	////	11
28.5〜30.5	29.5	/	/		//	/	5
30.5〜32.5	31.5	/					1
						計	45

(a) 度数分布表　　　(b) ヒストグラム

▲ ヒストグラム

● ヒストグラムの見方
① 安定した工程で正常に発生するバラツキをグラフにして，左右対称の山形のなめらかな曲線を正規分布曲線という．
② ゆとりの状態，平均値の位置，分布形状で品質規格の判断をする．
③ 分布状態（品質のバラツキ）により，品質規格の判定に用いられるが，時間的順序の情報が把握できない．

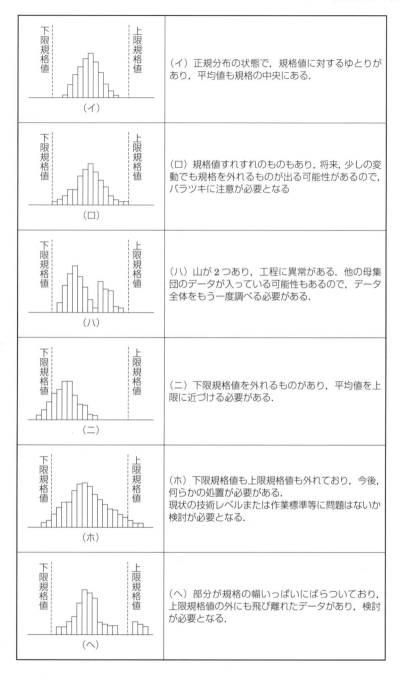

工程能力図

● 工程能力図の作成

① ヒストグラムは，規格に対する位置とバラツキの関係は分かるが，品質の時間的情報は把握できない．
② 時間的順序による情報を得る最も簡単なものとして，データを測定した順序に1点ずつ打点し，これに規格値を入れたものが工程能力図である．
③ 工程能力図の作成は，調べる対象の集団を工区などの区間割をして，合理的な群として，各郡の中で時間的順序に従ってデータを記入する．
④ 工程能力図は，横軸にサンプル番号を，縦軸に特性値をとり，上限規格値および下限規格値を示す線を引く．
⑤ 各データはそのまま打点し，各点を実線で結ぶ．

● 工程能力図の判定

工程能力図の例と，それに対する判定は下記のとおりである．

① **安定している状態**：バラツキが少なく，平均値は規格値のほぼ中央にあって規格外れも無い状態である．

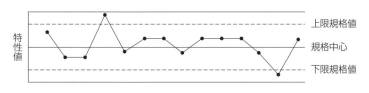

▲ 工程能力図

② **突然高くなったり低くなったりする状態**：機械の調整時，材料変更時など．

③ **次第に上昇するような状態**：機械精度の悪化時など．

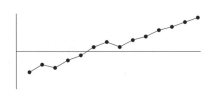

④ バラツキが次第に増大する状態：作業標準に慣れ，粗略な作業時，計器の精度の悪化時など．

⑤ 周期的に変化する状態：気温等の変化時など．

8-4 品質管理図
■ 品質の時間的変動と工程の安定を判定する

管理図

●管理図の目的
① 品質の時間的な変動を加味し，工程の安定状態を判定し，工程自体を管理する．
② バラツキの限界を示す上下の管理限界線を示し，工程に異常原因によるバラツキが生じたかどうかを判定する．

●管理図の種類
① 厚さ，強度，重量，長さ，時間などの連続的なデータを計量値といい，これらを管理する場合を計量値管理図という．
② 本数や回数のような数値的なデータを計数値といい，これらを管理する場合を計数値管理図という．
③ 建設工事においては，主に，計量値管理図のうちの，$\bar{x}\text{-}R$ 管理図と $x\text{-}R_s\text{-}R_m$ 管理図がよく用いられる．
④ $\bar{x}$ および R が管理限界線内であり，特別な片寄りがなければ工程は安定している．そうでない場合は，原因を調査し，除去し，再発を防ぐ．

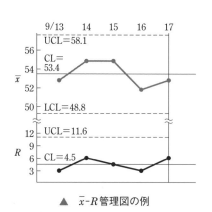

▲ $\bar{x}\text{-}R$ 管理図の例

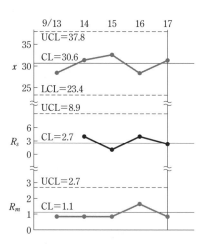

▲ $x\text{-}R_s\text{-}R_m$ 管理図の例

$\bar{x}$-R 管理図

● $\bar{x}$-R 管理図の作成

① 1組のデータの平均値 $\bar{x}$ の変化を管理する $\bar{x}$ 管理図とそのバラツキの範囲 R を管理する R 管理図を対にして，1群の試料における各組の平均値の変動とバラツキの変化とを同時にみていくことによって工程安定状態を把握する管理図である．
② R 管理図は，一般に群の大きさ n が10以下の場合に用いる．
③ $\bar{x}$ 管理図では平均値の変動を管理し，R 管理図では群のバラツキを管理する．
④ $\bar{x}$-R 管理図は，$\bar{x}$ 管理図と R 管理図を一緒にして，群の平均値の変動とバラツキの変化を同時にみるものである．
⑤ $\bar{x}$-R 管理図は，工程の安定状態を把握する．
⑥ $\bar{x}$-R 管理図では，測定値の時間的順序の変化を加味している．

● 管理線の計算

① $\bar{x}$ 管理図

中心線	$CL = \bar{\bar{x}}$
上方管理限界線	$UCL = \bar{\bar{x}} + A_2 \bar{R}$
下方管理限界線	$LCL = \bar{\bar{x}} - A_2 \bar{R}$

② R 管理図

中心線	$CL = \bar{R}$
上方管理限界線	$UCL = D_4 \bar{R}$
下方管理限界線	$LCL = D_3 \bar{R}$

D_3, D_4 は1組の試料の大きさ，すなわちデータ数 n によって決まる定数で，下表で示す．

n	A_2	D_3	D_4	d_2	n	A_2	D_3	D_4	d_2
2	1.880	–	3.267	1.128	6	0.483	–	2.004	2.534
3	1.023	–	2.574	1.693	7	0.419	0.076	1.924	2.704
4	0.729	–	2.282	2.059	8	0.373	0.136	1.864	2.847
5	0.577	–	2.114	2.326	9	0.337	0.184	1.816	2.970

■第8章 品質管理

● $\bar{x}\text{-}R$ 管理図の計算例

① 表の空欄および各平均値などを求める．

群	測定値			計 ΣX	平均	範囲 R
	X_1	X_2	X_3			
1	19	25	22	66	22	6
2	29	20	26	75	25	9
3	23	19	27	69	23	8
4	26	28	18	72	24	10
5	25	27	26	78	26	2
計					120	35

n	A_2	D_4
2	1.8	3.2
3	1.0	2.5
4	0.7	2.2
5	0.5	2.1

$\Sigma X = X_1 + X_2 + X_3$

$\bar{X} = \dfrac{\Sigma X}{3}$

$R = $ 最大値 $-$ 最小値

$A_2 = (1.8 + 1.0 + 0.7 + 0.5) = 1.0$

$D_4 = (3.2 + 2.5 + 2.2 + 2.1) = 2.5$

総平均値 $\bar{\bar{X}} = \dfrac{120}{5} = 24$

範囲平均値 $\bar{R} = \dfrac{35}{5} = 7$

② 管理図の限界線

1) $\bar{X}$ 管理図

$CL = \bar{\bar{X}} = 24$

$UCL = \bar{\bar{X}} + A_2\bar{R} = 24 + 1.0 \times 7 = 31$

$LCL = \bar{\bar{X}} - A_2\bar{R} = 24 - 1.0 \times 7 = 17$

2) R 管理図

$UCL = D_4\bar{R} = 2.5 \times 7 = 17.5$

■ $x\text{-}R_s\text{-}R_m$ 管理図

● $x\text{-}R_s\text{-}R_m$ 管理図の作成

① 個々のデータをそのまま時間的順序に並べて管理していくもので，1点管理図ともいう．

② データが一つあればすぐに打点できるため工程の状態を早く判定でき，早く処置がとれる．

③ 1個のデータをとるのに時間がかかる場合，または試験に多額の費用がかかる場合に便利である．
④ R_s とは隣り合う値の差の絶対値で，x-R_s 管理図として用い，試験誤差も同時に知りたいときは R_m を用いて x-R_s-R_m 管理図とする．
⑤ 管理図の作り方の手順はほぼ $\bar{x}$-R 管理図と同様である．

管理線の計算

① $\bar{x}$ 管理図

中心線	$CL = \bar{\bar{x}}$
上方管理限界線	$UCL = \bar{\bar{x}} + E_2 \bar{R}_s$
下方管理限界線	$LCL = \bar{\bar{x}} - E_2 \bar{R}_s$

② R_s 管理図

中心線	$CL = \bar{R}_s$
上方管理限界線	$UCL = D_4 \bar{R}$
下方管理限界線	$LCL =$ 考えない

③ R_m 管理図

中心線	$CL = \bar{R}_m$
上方管理限界線	$UCL = D_4 \bar{R}_m$
下方管理限界線	$LCL = D_3 \bar{R}_m$

ここで $E_2 = 3/d_2$，d_2 は $n = 2$，D_3，D_4 は n に対応した $\bar{x}$-R 管理図における表の値とする．

x-R_s-R_m 管理図の計算例

① 表の空欄および各平均値などを求める．

試験番号	測定値3回/日			合計 Σx $(a+b+c)$	代表値 x $\left(\dfrac{a+b+c}{3}\right)$	移動範囲 R_s (大きさ)	測定値内の範囲 R_m
	a	b	c				
1	21	26	25	72	24	$24 - 20 = 4$	$26 - 21 = 5$
2	19	21	20	60	20	$20 - 25 = 5$	$21 - 19 = 2$
3	23	26	26	75	25	$25 - 18 = 7$	$26 - 23 = 3$
4	18	16	20	54	18	$18 - 22 = 4$	$20 - 16 = 4$
5	22	19	25	66	22	—	$25 - 19 = 6$
計					109	20	20

- 合計 $\Sigma x = (a + b + c)$
- 代表値 $x = (a + b + c)/3$
- 移動範囲 $R_s = x_n - x_{n+1}$
- 測定値内の範囲 $R_m = $ 測定値 max $-$ 測定値 min
- 各平均値 $\bar{x} = \dfrac{109}{5} = 21.8$

$$\bar{R}_s = \dfrac{20}{4} = 5 \quad (データ数：4個)$$

$$\bar{R}_m = \dfrac{20}{5} = 4 \quad (データ数：4個)$$

② 管理図の限界線

● x 管理図

中心線 CL $= \bar{x} = 21.8$
上方管理限界線 $UCL = \bar{x} + A_2 \bar{R}_s = 21.8 + 2.7 \times 5 = 35.3$
下方管理限界線 $LCL = \bar{x} - A_2 \bar{R}_s = 21.8 - 2.7 \times 5 = 8.3$

● R_s 管理図

上方管理限界線 $UCL = D_4 \bar{R}_s = 3.3 \times 5 = 16.5$

● R_m 管理図

上方管理限界線 $UCL = D_5 \bar{R}_m = 2.6 \times 4 = 10.4$

8-5 ISO国際規格

■ 企画，設計，製造，サービスの要求事項

　ISO国際規格とは，国際標準化機構において定められた規格で，主に下記のマネジメントシステムがある．

ISO9000シリーズ（品質マネジメントシステム）

● ISO9000ファミリー

① **ISO9000**：品質マネジメントシステムで使用される用語を定義したもの．
② **ISO9001**：顧客の満足を目的に，経営者の責任，製品の実現化，分析・改善等を企業への要求事項として，品質マネジメントシステムについて規定したものであり，あらゆる業種，形態，規模の組織に適用される．
③ **ISO9004**：組織の持続的成功のための管理方法について，品質マネジメントアプローチを規定したもの．

● 要求事項

　品質は4つの種類に分けられ，それぞれの要求事項の内容は次のとおりである．

① **企画の品質**：製品で実現しようとしている特性に対する顧客の要求．
② **設計の品質**：企画の段階で検討された特性の水準や品質仕様．
③ **製造の品質**：図面・仕様書などの設計文書．
④ **サービスの品質**：調整，据え付け，消耗品の補給，不良品などへの対応に対する顧客の要求．

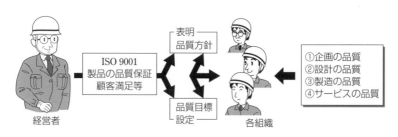

▲ ISO 9001の概要

八つの品質マネジメントの原則

原　則	内　容
顧客重視	組織は，その顧客に依存しており，そのために，現在および将来の顧客ニーズを理解し，顧客要求事項を満たし，顧客の期待を超えるように努力することが望ましい．
リーダーシップ	リーダーは，組織の目的および方向を一致させる．リーダーは，人々が組織の目標を達成することに十分に参画できる内部環境をつく（創）りだし，維持することが望ましい．
人々の参画	すべての階層の人々は，組織にとって最も重要なものであり，その全面的な参画によって，組織の便益のためにその能力を活用することが可能となる．
プロセスアプローチ	活動および関連する資源が一つのプロセスとして運用管理されるとき，望まれる結果がより効率よく達成される．
マネジメントへのシステムアプローチ	相互の関連するプロセスを一つのシステムとして明確にし，理解し，運営管理することが組織の目標を効果的かつ効率よく達成することに寄与する．
継続的改善	組織の総合的パフォーマンスの継続的改善を組織の永遠の目標とすることが望ましい．
意思決定への事実に基づくアプローチ	効果的な意思決定は，データおよび情報の分析に基づいている．
供給者との互恵関係	組織およびその供給者は相互に依存しており，両者の互恵関係は両者の価値創造能力を高める．

その他のISOシリーズ

ISO14000シリーズ（環境マネジメントシステム）
環境に配慮した事業活動を行うための基準を規格化したもの．

OHSAS18001（労働安全衛生マネジメントシステム）
労働現場の安全衛生に対応する際に求められる要求事項を規格化したもの．

第9章

環境保全管理

人に地球にやさしく

9-1 環境保全対策

■ 典型七公害に対応する対策

環境基本法

● 目 的
① 環境の保全について，基本理念を定め，国，地方公共団体，事業者および国民の責務を明らかにする．
② 環境の保全に関する施策の基本となる事項を定める．
③ 環境の保全に関する施策を総合的かつ計画的に推進する．
④ 現在および将来の国民の健康で文化的な生活の確保に寄与するとともに人類の福祉に貢献する．

● 定 義
① **環境への負荷**：人の活動により環境に加えられる影響であって，環境の保全上の支障の原因となるおそれのあるものをいう．
② **地球環境保全**：人の活動による地球全体の温暖化またはオゾン層の破壊の進行，海洋の汚染，野生生物の種の減少その他の地球の全体またはその広範な部分の環境に影響を及ぼす事態に係る環境の保全であって，人類の福祉に貢献するとともに国民の健康で文化的な生活の確保に寄与するものをいう．
③ **典型七公害**：環境の保全上の支障のうち，事業活動その他の人の活動に伴って相当範囲にわたって，人の健康または生活環境に係る被害が生ずることで，下記の7つを「典型七公害」と呼ぶ．
「大気汚染」，「水質汚濁」，「土壌汚染」，「騒音」，「振動」，「地盤沈下」，「悪臭」

● 基本理念
① **環境の恵沢の享受と継承**：現在および将来の世代の人間が健全で恵み豊かな環境の恵沢を享受するとともに人類の存続の基盤である環境が将来にわたって維持されるようにする．
② **環境への負荷の少ない持続的発展が可能な社会の構築**：社会のあり方そのものを環境負荷の少ない，持続的発展が可能なものにしていく．
③ **国際的協調による地球環境保全の積極的推進**：今日の環境問題が地球規模の広がりを見せることから，地球環境保全について国際的強調による積極的推進を図る．

建設工事と環境保全対策

大気汚染

大気汚染に関しては，主に「大気汚染防止法」において定められており，その概要を下記に示す．

① **目的**：ばい煙，揮発性有機化合物および粉じんの排出などを規制し，自動車排出ガスの許容限度を定め，また大気汚染により健康被害が生じた場合の事業者の損害賠償責任について定めることにより，国民の健康の保護，生活環境の保全，被害者の保護を図ることを目的とする．

② 定義

1)「ばい煙」とは，次に掲げる物質をいう．
 ・燃料その他の物の燃焼に伴い発生する硫黄酸化物
 ・燃料その他の物の燃焼または熱源として電気の使用に伴い発生するばいじん
 ・物の燃焼，合成，分解その他の処理（機械的処理を除く）に伴い発生する物質のうち，カドミウム，塩素，弗化水素，鉛その他の人の健康または生活環境に係る被害を生ずるおそれがある物質

2)「揮発性有機化合物」とは，大気中に排出され，または飛散した時に気体である有機化合物をいう．

3)「粉じん」とは，物の破砕，選別その他の機械的処理または堆積に伴い発生し，または飛散する物質をいう．

4)「有害大気汚染物質」とは，継続的に摂取される場合には人の健康を損なうおそれのある物質で大気の汚染の原因となるものをいう．

③ 大気汚染の限度

・**硫黄酸化物の限度**：1時間値の平均値 = 0.04/100万
・**ばいじんの限度**：年間平均値 ≦ 0.15 mg/m^3

④ **植物の大気浄化機能**：植物には，粉じん補足機能，二酸化炭素の吸収機能，酸素発生機能を有し，大気の浄化や温暖化の防止に効果があるので，樹林の積極的利用を心がけるべきである．

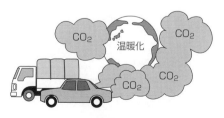

▲ 自動車排出ガス

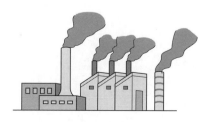

▲ ばい煙

第9章 環境保全管理

● 水質汚濁

水質汚濁に関しては，主に「水質汚濁防止法」において定められており，その概要を下記に示す．

① **目的**：工場および事業場から公共用水域に排出される水の排出および地下に浸透する水の浸透を規制し，生活排水対策の実施を推進することなどにより公共用水域および地下水の水質の汚濁の防止を図り，国民の健康を保護するとともに生活環境を保全し，人の健康に被害が生じた場合における事業者の損害賠償の責任について定めることにより，被害者の保護を図ることを目的とする．

② **定義**
- **公共用水域**：河川，湖沼，港湾，沿岸海域その他公共の用に供される水域及びこれに接続する公共溝渠，かんがい用水路などをいう．
- **特定施設**：有害物質や生活環境に被害を生ずるおそれがあるような汚水または廃液を排出する施設で政令で指定されたもの．
- **有害物質**：人の健康に係る被害を生ずるおそれがある物質として政令で定める物質．

③ 排水基準を定めている項目
- **有害物質**：カドミウムおよびその化合物（Cd），シアン化合物（CN），有機燐化合物（O-P），鉛およびその化合物（Pb），六価クロム化合物（Cr6＋），砒素およびその化合物（As），水銀およびアルキル水銀，その他の水銀化合物（T-Hg），ほう素およびその化合物，ふっ素およびその化合物，アンモニア，アンモニウム化合物，亜硝酸化合物および硝酸化合物など
- **有害物質以外の項目**：水素イオン濃度（pH），生物化学的酸素要求量（BOD），化学的酸素要求量（COD），浮遊物質量（SS），ノルマルヘキサン抽出物質（油分），大腸菌群数銅含有量（Cu），亜鉛含有量（Zn），窒素含有量（T-N），燐含有量（T-P）など

▲ 工場排水

▲ 家庭雑排水

地盤沈下

① **地盤沈下の原因**：工業用水，農業用水，生活用水，冷房用水などの地下水の過剰揚水（涵養量を超える汲み揚げ），天然ガスの汲み上げなどが主な原因となる．

② **地盤沈下による被害**

主に以下の被害が発生する．
- 建物等の構造物の破損
- ライフライン（地中のガス管，水道管，下水管など）の破損
- 津波・高潮に対する脆弱性
- 不同沈下，抜け上がり

③ **地盤沈下対策**：「工業用水法」，「ビル用水法」等の法令による地下水採取，揚水規制および条例による規制

グリーン購入法（国等による環境物品等の調達の推進等に関する法律）

目 的

① 国，独立行政法人など，地方公共団体および地方独立行政法人による環境物品などの調達の推進を図る．
② 環境物品等に関する情報の提供を行う．
③ 環境物品等への需要の転換を促進する．
④ 環境への負荷の少ない，持続的発展が可能な社会の構築を図る．

内 容

① 事業者及び国民の責務として，物品購入等に際し，できるかぎり，環境物品などを選択する（第5条）．
② 国などの各機関の責務として，毎年度「調達方針」を作成・公表し，調達方針に基づき，調達を推進する（第7条）．
③ 調達実績の取りまとめ・公表をする（第8条）．
④ 製品メーカーなどは，製造する物品などについて，適切な環境情報を提供する（第12条）．

9-2 騒音・振動対策

■ 対策は発生源で実施する

騒音・振動防止対策の基本事項
（騒音規制法および振動規制法については第4章を参照）

●防止対策の基本事項
① 対策は発生源において実施することが基本である．
② 騒音・振動は発生源から離れるほど低減される．
③ 影響の大きさは，発生源そのものの大きさ以外にも，発生時間帯，発生時間及び連続性などに左右される．

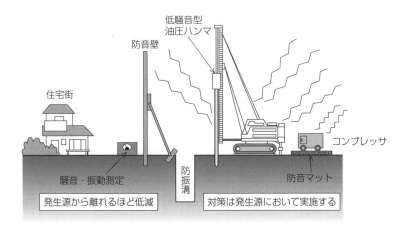

▲ 騒音・振動

●騒音，振動の測定調査
① 調査地域を代表する地点，すなわち，影響が最も大きいと思われる地点を選んで実施する．
② 騒音・振動は周辺状況，季節，天候などの影響により変動するので，測定は平均的な状況を示すときに行う．
③ 施工前と施工中との比較を行うため，日常発生している，暗騒音，暗振動を事前に調査し把握する必要がある．

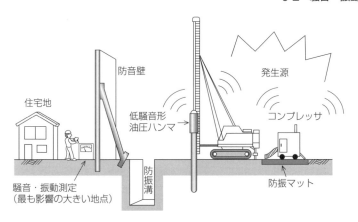

▲ 施工における騒音・振動対策

施工における騒音・振動防止対策

施工における留意点

① 作業時間は周辺の生活状況を考慮し，できるだけ短時間で，昼間工事が望ましい．
② 騒音・振動の発生量は施工方法や使用機械に左右されるので，できるだけ低騒音・低振動の施工方法，機械を選択する．
③ 騒音・振動の発生源は，居住地から遠ざけ，距離による低減を図る．
④ 工事による影響を確認するために，施工中や施工後においても周辺の状況を把握し，対策を行う．
⑤ 騒音，振動の発生する現場では，防音シート，防音パネルなどの設置を検討する．

騒音，振動低減対策

① 高力ボルトの締付けは，油圧式・電動式レンチを用いると，インパクトレンチより騒音は低減できる．
② 車両系建設機械は，大型，新式，回転数小のものがより低減できる．
③ ポンプは回転式がより低減できる．

樹木による騒音低減機能

① 樹木による騒音低減機能は，音源から受音点までの距離を離すことと，樹木自体の遮音効果が重複することである．
② 樹木による防音効果は立木密度，枝葉密度が高いほど効果が高く，常緑広葉樹の効果が大きい．
③ 樹林幅が 10 m の場合，距離による低減も含め 4 dB 程度の低減効果が認め

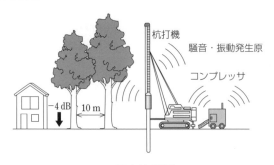

▲ 騒音低減機能

られている．

基礎杭打設の低公害対策

埋込み杭の低公害対策

① **プレボーリング工法**：低公害工法であるが，最終作業としてハンマによる打ち込みがあるため，騒音規制法は除外されるが，振動規制法の指定は受ける．
② **中堀工法**：低公害工法であり，大口径・既製杭に多く利用される．
③ **ジェット工法**：砂地盤に多く利用され，送水パイプの取付方法によっては，騒音が発生する．

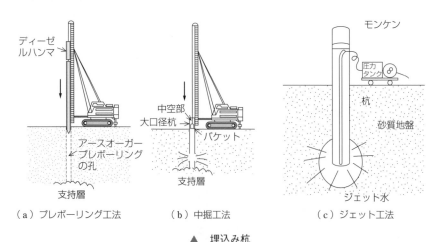

▲ 埋込み杭

打設杭の低公害対策

- **バイブロハンマ**：騒音・振動ともに発生するが，ディーゼルパイルハンマに比べ影響は小さい．
- **ディーゼルパイルハンマ**：全付カバー方式とすれば，騒音は低減できる．
- **油圧ハンマ**：低公害型として，近年多く用いられる．

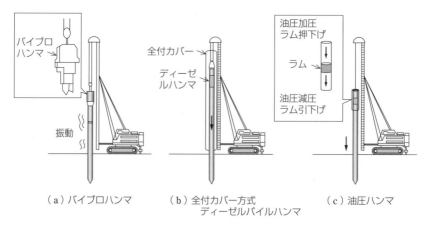

（a）バイブロハンマ　　（b）全付カバー方式ディーゼルパイルハンマ　　（c）油圧ハンマ

▲ 打設杭

9-3 建設副産物・再生資源

■ 建設資材は再資源化，有効利用する

建設リサイクル法（建設工事に係る資材の再資源化に関する法律）

● 特定建設資材

特定建設資材とは，建設工事において使用するコンクリート，木材その他建設資材が建設資材廃棄物になった場合に，その再資源化が資源の有効な利用及び廃棄物の減量を図るうえで特に必要であり，かつ，その再資源化が経済性の面において制約が著しくないと認められるものとして政令で定められるもので，下記の4資材が定められている．

① コンクリート
② コンクリートおよび鉄から成る建設資材
③ 木材
④ アスファルト・コンクリート

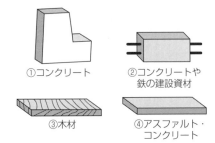

▲ 特定建築資材

● 分別解体，再資源化

分別解体および再資源化などの義務として，下記の項目が定められている．

① 対象建設工事の規模は，下記の基準による．
　・建築物の解体：床面積 80 m² 以上
　・建築物の新築：床面積 500 m² 以上
　・建築物の修繕・模様替：工事費 1 億円以上
　・その他の工作物（土木工作物等）：工事費 500 万円以上
② 対象建設工事の発注者または自主施工者は，工事着手の 7 日前までに，建築物等の構造，工事着手時期，分別解体などの計画について，都道府県知事に届け出る．
③ 解体工事においては，建設業の許可が不要な小規模解体工事業者も都道府県知事の登録を受け，5 年ごとに更新する．

資源利用法（資源の有効な利用の促進に関する法律）

● 建設指定副産物

建設工事に伴って副次的に発生する物品で，再生資源として利用可能なものとして，次の 4 種が指定されている．

① **建設発生土**：構造物埋戻し・裏込め材料，道路盛土材料，河川築堤材料など
- 建設発生土はそのまま原材料となるもので，産業廃棄物には該当しない．
- 建設発生土の発生の抑制に努め，現場内利用を促進し，搬出の抑制に努める．
- 建設発生土を必要とする他の工事現場との情報交換システムを活用した連絡調整，ストックヤードの確保，再資源化施設の活用，必要に応じた土質改良を行い，工事間の利用の促進に努める．

② **コンクリート塊**：再生骨材，道路路盤材料，構造物基礎材

コンクリート塊を再生骨材として利用する場合には，骨材の強度，耐久性等の品質を確認の上，区分に応じて利用する．

③ **アスファルト・コンクリート塊**：再生骨材，道路路盤材料，構造物基礎材
- 再資源化施設の受入れ条件に適合するように，工事現場で分別を行った後，その施設に運搬する．
- アスファルト・コンクリート塊を道路舗装に利用する場合には，再生骨材の強度，耐久性などの品質を確認のうえ利用する．

④ **建設発生木材**：製紙用及びボードチップ（破砕後）
- 建設発生木材は原材料として利用の可能性があるもので，産業廃棄物に該当する．
- 建設発生木材は処理基準により処理するもので，野焼きをしてはならない．
- 工事現場から最も近い再資源化の施設までの距離が 50 km を超える場合，または再資源化施設までの道路が未整備で縮減に要する費用が再資源化のために要する費用より低い場合には，再資源化に代えて縮減ができる．

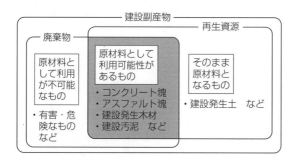

▲ 建設副産物の区分

● 再生資源利用計画，再生資源利用促進計画

建設工事において，建設資材を搬入する場合あるいは指定副産物を搬出する場合には，それぞれ下記の要領により「再生資源利用計画」，「再生資源利用促進計画」を策定することが義務付けられている．

■第9章 環境保全管理

様式1 再生資源利用計画書(実施書) －建設資材搬入工事用－

（計画書または実施書に○をつける）　　（開発者によるチェック）

1. 工事概要

コード間違いに注意（名称とコードの一致）　発注担当者チェック欄：土

発注機関名	○○県○○土木事務所	発注機関コード*1	4 0 0 3 0 1	担当者	土木 太郎
				TEL	03-××××-××××

工事名	一般県道○○××線 道路改良工事（1工区）	工事種別コード*3	B - 1	請負金額	千百億

工事施工場所	○○ 都道府(県) ○○ (市)町村 ○○	住所コード*4	4 0 3 4 9	工期	平成／平成

工事概要等	工事長 L=100m、舗装工 A=700m² 擁壁長 L=30m、側溝工 A=200m²	施工条件の内容（再生資源の利用に関する特記事項等）	再生クラッシャーラン、再生アスファルト混合物を使用のこと

2. 建設資材利用計画

注：コード*5～9は下記欄外のコード表より数字を選んでください．

分類		建設資材（新材を含む）				左記のうち、再生資材の利用状況（再生資材を）	
		小分類コード*5	規格	主な利用用途コード*6	利用量(A)	再生資材の供給元場所住所	供給元種類コード*7
特定建設資材	コンクリート	1	21-8-20		15	トン	
		3	18-8-40		2	トン	有限会社○○生コン	6
			合計		17	トン		
	コンクリート及び鉄から成る建設資材	1	PU300		43	トン		
		1	PU300用蓋板		1	トン		
			合計		44	トン		
	木材					トン		
			合計			トン		
	アスファルト混合物	1	(20)	2	82	トン	株式会社○○合材工場	4
		2	(20)	1	82	トン	株式会社○○合材工場	4
			合計		164	トン		
その他の建設資材	土砂	1		1	50	締めm³	現場内利用	1
		2		4	100	締めm³	農道○○線拡張工事	2
			合計		150	締めm³		
	砕石	1	RC-40	1	200	m³	株式会社○○砕石所	4
		2	RM-25	2	160	m³	株式会社○○砕石所	4
					360	m³		
	塩化ビニル管・継手					kg		
			合計			kg		
	石膏ボード					トン		
			合計			トン		
	その他の建設資材					トン		
			合計			トン		

※現場内利用、他工事流用分も忘れずに記入すること

※小分類コードと再生資源の名称コードは一致する

コード*5
コンクリートについて
1. 生コン（新材骨材）　　2. 再生コン（Co再生骨材H）
3. 再生コン（Co再生骨材M）　4. 再生コン（Co再生骨材L）
5. 再生コン（その他のCo再生骨材）
6. 再生コン（Co再生骨材以外の再生material）
7. 無筋コンクリート二次製品　8. その他
コンクリート及び鉄から成る建設資材について
1. 有筋コンクリート二次製品　2. その他
木材について
1. 木材（ボード類を除く）2. 木質ボード
アスファルト混合物について
1. 粗粒度アスコン　　2. 密粒度アスコン
3. 細粒度アスコン　　4. 開粒度アスコン
5. 改質アスコン　　6. アスファルトモルタル
7. 加熱アスファルト安定処理路盤材　8. その他
土砂について
1. 第一種建設発生土　2. 第二種建設発生土　3. 第三種建設発生土
4. 第四種建設発生土　5. 浚渫土
6. 土質改良土（土質改良プラントからの購入土）7. 建設汚泥処理土
8. 再生コンクリート砂　9. 山砂、山土などの新材（購入土、採取土）
砕石について
1. クラッシャーラン　2. 粒度調整砕石　3. 鉱さい　4. 単粒度砕石
5. ぐり石、割ぐり石、自然石　6. その他
塩化ビニル管・継手について
1. 硬質塩化ビニル管　2. その他
石膏ボードについて
1. 石膏ボード　2. シージング石膏ボード　3. 強化石膏ボード
4. 化粧石膏ボード　5. 石膏ラスボード　6. その他
その他の建設資材について
（利用量の多い上位2品目を具体的に記入して下さい）

コード*6
アスファルト混合物について
1. 表層　2. 基層
3. 上層路盤　4. 歩道
5. その他（駐車場舗装、敷地内舗装等）
土砂について
1. 道路路体　2. 路床　3. 河川築堤
4. 構造物等の裏込材、埋戻し用
5. 宅地造成用　6. 水面埋立用
7. ほ場整備（農地整備）
8. その他（具体的に記入）
砕石について
1. 舗装の下層路盤材
2. 舗装の上層路盤材
3. 構造物の裏込材、基礎材
4. その他（具体的に記入）
塩化ビニル管・継手について
1. 水道（配水）用　2. 下水道用
3. ケーブル用　4. 農業用
5. 設備用　6. その他
石膏ボードについて
1. 壁　2. 天井　3. その他
その他の建設資材について
（利用途を具体的に記入）

コード*7
再生資材の供給元について
1. 現場内利用
2. 他の工事現場（内陸）
3. 他の工事現場（海面）
4. 再資源化施設
（土砂再資源化施設含む）
5. ストックヤード
6. その他

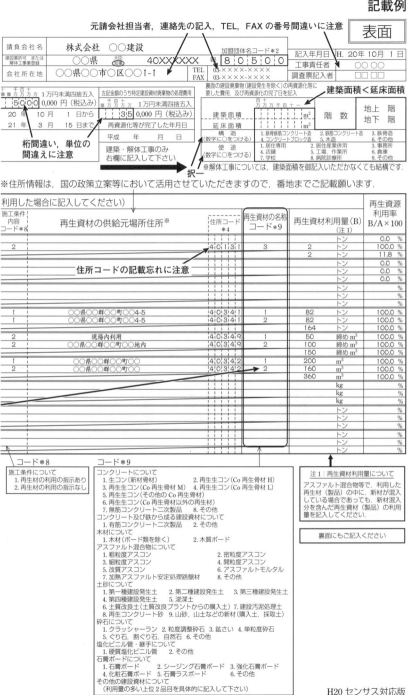

■ 第9章 環境保全管理

様式2 再生資源利用促進計画書（実施書）－建設副産物搬出工事用－

計画書または実施書に○をつける

1. 工事概要　表面（様式1）に必ずご記入下さい
2. 建設副産物搬出計画

現場内利用の欄には，発生量（掘削量）のうち，現場内で利用したものについて記入

建設副産物の種類		場外搬出時の性状	①発生量（掘削等）=②+③+④	現場内利用・減量				現場外搬出について		
				現場内利用		減量化		搬出先名称 3ヶ所まで記入できます。4ヶ所以上にわたる時は，用紙を換えて下さい。		区分 どちらかに○を付けて下さい
				用途コード *10	②利用量	うち現場内改良分	減量法コード *11	③減量化量		
資材廃棄物	特定建設資材廃棄物	コンクリート塊	20 トン		0 トン	トン			搬出先1　株式会社○○　　　搬出先2	公共 (民間)
		建設発生木材A ※1	トン		トン	トン			搬出先1　　　搬出先2	公共 民間
		アスファルト・コンクリート塊	165 トン		0 トン	トン			搬出先1　株式会社○○合材工場　　　搬出先2	公共 (民間)
		その他がれき類	トン		トン	トン			搬出先1　　　搬出先2	公共 民間
建設廃棄物		建設発生木材B ※2	10 トン		0 トン	トン			搬出先1　株式会社××木材　　　搬出先2　有限会社□□	公共 (民間)　公共 (民間)
		建設汚泥	トン		トン	トン		トン	搬出先1　　　搬出先2	公共 民間
		金属くず	トン		トン	トン			搬出先1　　　搬出先2	公共 民間
		廃塩化ビニル管・継手	トン		トン	トン			搬出先1　　　搬出先2	公共 民間
		廃プラスチック（廃塩化ビニル管・継手を除く）	トン		トン	トン			搬出先1　　　搬出先2	公共 民間
		廃石膏ボード	トン		トン	トン			搬出先1　　　搬出先2	公共 民間
		紙くず	トン		トン	トン			搬出先1　　　搬出先2	公共 民間
		アスベスト（飛散性）	トン		トン	トン			搬出先1　　　搬出先2	公共 民間
		混合状態の廃棄物 ※3	トン		トン	トン			搬出先1　　　搬出先2	公共 民間
		その他の分別された廃棄物	トン		トン	トン			搬出先1　　　搬出先2	公共 民間
		その他の分別された廃棄物（　　）	トン		トン	トン			搬出先1　　　搬出先2	公共 民間
建設発生土		第一種建設発生土	55 地山³	4 路体	55 地山³	0 地山³			搬出先1　　　搬出先2	公共 民間
		第二種建設発生土	1800 地山³	3	110 地山³	0 地山³			搬出先1　○○開発（株）土砂受入所　　　搬出先2	公共 (民間)
		第三種建設発生土	地山³		地山³	地山³			搬出先1　　　搬出先2	公共 民間
		第四種建設発生土	地山³		地山³	地山³			搬出先1　　　搬出先2	公共 民間
		浚渫土 ※4	地山³		地山³	地山³			搬出先1　　　搬出先2	公共 民間
		合計	1855 地山³		165 地山³	0 地山³				

コード*10
1. 路盤材　2. 裏込材
3. 埋戻し材
4. その他（具体的に記入）

コード*11
1. 焼却　2. 脱水
3. 天日乾燥
4. その他（具体的に記入）

コード*12
施工条件について
1. A指定処分（発注時に指定されたもの）
2. B指定処分（もしくは準指定処分）
　（発注時には指定されていないが，発注後に設計変更し指定処分とされたもの）
3. 自由処分

場外搬出量の多い上位2作品を具体的に記入して下さい

※1　柱，ボードなどの木材資材が廃棄物となったもの
※2　立木，除根材などが廃棄物となったもの
※3　建設混合廃棄物
※4　建設汚泥を除く

▲ 再生資源利用

9-3 建設副産物・再生資源

記載例

裏面

建築工事において、解体と新築工事を一体的に施工する場合は、解体分と新築分の数量を区分し、それぞれ別に様式を作成して下さい。

※住所情報は、国の政策立案等において活用させていただきますので、番地までご記載願います。

住所コードの記載忘れに注意

施工条件の内容コード*12	搬出先場所住所※	住所コード*4 千百十一	運搬距離	搬出先の種類コード*13	④現場外搬出量	うち現場内改良分	⑤再生資源利用促進量(注2)	再生資源利用促進率 ②+③+⑤/① (%)
3	○○県○○市○○区○○6-7	4 0 1 3 2	7 km	5	20 トン	0 トン	20 トン	100.0 %
			km		トン	トン		%
			km		トン	トン	トン	%
3	○○県○○郡○○町○○4-5	4 0 3 4 1	9 km	4	165 トン	0 トン	165 トン	100.0 %
			km		トン	トン		%
			km		トン	トン	トン	%
3	○○県○○郡○○町○○	4 0 3 4 2	1 1 km	5	2 トン			
3	○○県○○郡○○町○○	4 0 3 4 9	3 km	7	8 トン		2 トン	20.0 %
			km		トン	トン		%
			km		トン	トン	トン	%
			km		トン	トン		%
			km		トン	トン	トン	%
			km		トン	トン		%
			km		トン	トン	トン	%
			km		トン	トン		%
			km		トン	トン	トン	%
			km		トン	トン		%
			km		トン	トン	トン	%
			km		地山³	地山³	地山³	100.0 %
2	○○県○○郡○○町○○	4 0 3 4 2	1 6 km	14	1690 地山³	0 地山³	0 地山³	6.1 %
			km		地山³	地山³		%
			km		地山³	地山³	地山³	%
			km		地山³	地山³		%
			km		地山³	地山³	地山³	%
					1690 地山³	0 地山³	0 地山³	8.9 %

コード*13

建設廃棄物の場合	建設発生土の場合
1. 売却 2. 他の工事現場 3. 広域認定制度による処理 4. 中間処理施設合材プラント 5. 再資源化施設(合材プラント以外の再生資源化施設) 6. 中間処理施設(サーマルリサイクル) 7. 中間処理施設(単純焼却) 8. 廃棄物最終処分場(海面処分場) 9. 廃棄物最終処分場(内陸処分場) 10. その他の処分	1. 売却 2. 他の工事現場(内陸) 3. 他の工事現場(海面) ただし、廃棄物最終処分場を除く 4. 土質改良プラント(再生利用先工事が決定) 5. 土質改良プラント(再生利用先工事が未決定) 6. ストックヤード(再利用先工事が決定) 7. ストックヤード(再利用先工事が未決定) 8. 工事予定地 9. 採石場・砂利採取跡地等復旧事業 10. 廃棄物最終処分場(覆土としての受入) 11. 廃棄物最終処分場(覆土以外の受入) 12. 建設発生土受入地(公共事業の土捨場) 13. 建設発生土受入地(農地受入) 14. 建設発生土受入地(民間土捨場・残土処分場)

注2：再生資源利用促進量について現場外搬出量④のうち、搬出先の種類(コード*13)が1.～6.の合計

H20センサス対応版

促進計画書

① 再生資源利用計画

計画作成工事	次のどれかに該当する建設資材を**搬入**する建設工事 1. 土砂：**体積 1 000 m³ 以上** 2. 砕石：**重量 500 t 以上** 3. 加熱アスファルト混合物：**重量 200 t 以上**
定める内容	1. 建設資材ごとの利用量 2. 利用量のうち再生資源の種類ごとの利用量 3. そのほか再生資源の利用に関する事項
記録の保存	当該工事完成後 1 年間

② 再生資源利用促進計画

計画作成工事	次のどれかに該当する指定副産物を**搬出**する建設工事 1. 建設発生土：**体積 1 000 m³ 以上** 2. コンクリート塊，アスファルト・コンクリート塊，建設発生木材：**合計重量 200 t 以上**
定める内容	1. 指定副産物の種類ごとの搬出量 2. 指定副産物の種類ごとの再資源化施設又は他の建設工事現場等への搬出量 3. そのほか指定副産物にかかわる再生資源の利用の促進に関する事項
記録の保存	当該工事完成後 1 年間

9-4 産業廃棄物

■ 廃棄物は排出を抑制し，再生利用を図る

廃棄物処理法（廃棄物の処理及び清掃に関する法律）

●廃棄物処理法の概要
① 廃棄物の排出を抑制し，適正な分別，保管，収集，運搬，再生，処分等の処理をし，生活環境の保全および公衆衛生の向上を図ることを目的とする．
② 国内において生じた廃棄物はなるべく国内において処理する．
③ 国民は，廃棄物の排出を抑制し，再生品の使用などにより，廃棄物の再生利用を図り，廃棄物を分別して排出し，その生じた廃棄物を自ら処分する．
④ 事業者は，事業活動において生じた廃棄物は自らの責任において適正に処理する．
⑤ 事業者は，事業活動において生じた廃棄物は再生利用を行い，減量に努める．

●廃棄物の種類
廃棄物の種類と具体的な品目について，下記のとおり分類される．

種類	内容
一般廃棄物	産業廃棄物以外の廃棄物
産業廃棄物	事業活動に伴って生じた廃棄物のうち法令で定められた20種類のもの（燃え殻，汚泥，廃油，廃酸，廃アルカリ，紙くず，木くずなど）
特別管理一般（産業）廃棄物	爆発性，感染性，毒性，有害性があるもの

●マニフェスト（産業廃棄物管理票）
「廃棄物処理法」第12条の3により，産業廃棄物管理票（マニフェスト）の規定が示されている．
① 排出事業者（元請人）が，廃棄物の種類ごとに収集運搬および処理を行う受託者に交付する．
② マニフェストには，種類，数量，処理内容などの必要事項を記載する．
③ 収集運搬業者はA票を，処理業者はD票を事業者に返送する．
④ 排出事業者は，マニフェストに関する報告を都道府県知事に，年1回提出する．
⑤ マニフェストの写しを送付された事業者，収集運搬業者，処理業者は，この写しを5年間保存する（※マニフェストは1冊が7枚綴りの複写で，A，B1，B2，C1，C2，D，Eの用紙が綴じ込まれている）．

■第9章 環境保全管理

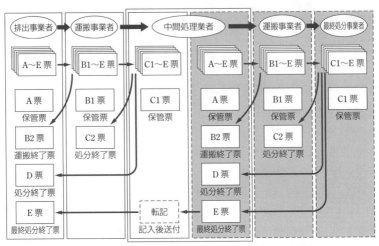

▲ マニフェスト

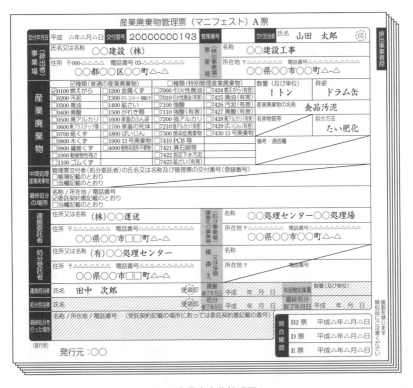

▲ 産業廃棄物管理票

廃棄物処分場

処分場の形式と処分できる廃棄物は下記に定められている．

処分場の形式	廃棄物の内容	処分できる廃棄物
安定型処分場	地下水を汚染するおそれのないもの ・廃プラスチック類 ・金属くず ・ガラスくず ・陶磁器くず ・がれき類	展開検査／雨水等排出設備／地下水の水質検査／浸透水採取設備／えん堤
管理型処分場	地下水を汚染するおそれのあるもの ・廃油（タールピッチ類に限る．） ・紙くず ・木くず ・繊維くず ・汚泥	浸出液処理設備／地下水の水質検査／遮水工／地下水集排水設備
遮断型処分場	有害な廃棄物 ・埋立処分基準に適合しない燃え殻， ・ばいじん ・汚泥 ・鉱さい	覆い／地下水の水質検査／目視等により点検できる構造／耐水性・耐腐食性素材で被覆／内部仕切設備

土木豆辞典

■ 旧単位系と国際単位系

現在，計量法の改正に伴い土木工学として正式に使う単位は CGS 単位（旧単位系）から SI 単位（国際単位系）へと移行している．

旧単位系	国際単位系（SI）	換算率
g, t, kg	N（ニュートン）	1 kg f = 9.80665 N
kg f/cm²	N/m²（ニュートン毎平方メートル）	1 kg f/cm² = 98.0665 kN/m²
kg f/cm²	Pa（パスカル）	1 kg f/cm² = 98.0665 kPa
cal（カロリー）	J（ジュール）	1 cal = 4.18605 J

■ 土木の現場でよく使う単位

土木の世界では，特に現場職人を中心として昔ながらの単位（尺貫法の時代）が今でもしばしば使用されることがある．

① 長さの単位
- 円，銭，厘：メートル，センチ，ミリを言い換えたもの（例：6 m 34 cm 8 mm → 6 円 34 銭 8 厘）
- 尺：1 尺 = 0.30303 m（特に大工などは今でもよく使う）
- 間：1 間 = 1.81818 m（特に大工などは今でもよく使う）

② 面積の単位
- 坪：1 坪 = 3.30579 m²（不動産，建築の世界では一般的に使われる：2 畳分）
- 反：1 反 = 991.736 m²（農地面積によく使われる）
- 町：1 町 = 9917.36 m²（農地，山林面積によく使われる）
- m²：平米（へーべ）と呼ぶ

③ 容積の単位
- 合：1 合 = 0.18039 リットル（枡での測定に用いる）
- 升：1 升 = 1.8039 リットル（酒等のビンは一般的に使われる）
- m³：立米（りゅうべ）と呼ぶ
- トン：水の容量を重さに置き換えて呼ぶ
  （例：100 万トン（m³）の貯水量，250 トン（m³/s）流下の河川）

④ 重さの単位
- 貫：1 貫 = 3.75 kg（骨材，木材等で使われるときがある）

⑤ 傾斜の単位
- 割，分，厘：1 割 5 分 2 厘 = 1：1.52

巻末資料

現場で役立つ土木の基本公式（ちょっと忘れたときに見てみよう）

水理学

■ 平均流速と流量

$Q = AV$ 〔m³/s〕, $V = Q/A$ 〔m/s〕, $A = Q/V$ 〔m²〕

Q：流量, V：平均流速, A：流積

■ マニングの平均流速公式

$V = \dfrac{1}{n} \cdot R^{2/3} \cdot I^{1/2}$ 〔m/s〕

V：平均流速, n：粗度係数, I：動水勾配

R：径深〔m〕$= A/S$, A：流積〔m²〕, S：潤辺〔m〕

■ ヘーゼンウイリアムスの平均流速公式

$V = 0.849C \cdot R^{0.63} \cdot I^{0.54}$ 〔m/s〕

V：平均流速, C：流速係数, I：動水勾配

R：径深〔m〕$= A/S$, A：流積〔m²〕, S：潤辺〔m〕

円形管の場合, R に $D/4$ を代入（D：管径）すれば下式となる.

$V = 0.355C \cdot D^{0.63} \cdot I^{0.54}$ 〔m/s〕

$Q = 0.279C \cdot D^{2.63} \cdot I^{0.54}$ 〔m³/s〕

■ その他の平均流速公式

※マニングの平均流速公式などの指数公式型に対し, シェジー公式型に分類される.

【シェジーの公式】

$V = C\sqrt{RI}$ 〔m/s〕

V：平均流速〔m/s〕, C：シェジーの流速係数（以下各公式参照）

R：径深〔m〕, I：動水勾配

ここで

■ 巻末資料

- マニング式による C

$$C = \frac{1}{n} \cdot R^{1/6}$$

n：粗度係数，R：径深〔m〕

∴ 平均流速 $V = \dfrac{1}{n} \cdot R^{1/6} \sqrt{RI}$

- バサン式による C

$$C = \frac{87}{1 + \dfrac{r}{\sqrt{R}}}$$

r：通水面の粗度係数（滑らかな面 0.06，割石積み 0.46，規則的な土水路 0.86 など）
R：径深〔m〕

∴ 平均流速 $V = \dfrac{87}{1 + \dfrac{r}{\sqrt{R}}} \cdot \sqrt{RI}$

- ガンギレー・クッタ式による C

$$C = \frac{23 + \dfrac{1}{n} + \dfrac{0.00155}{I}}{1 + \left(23 + \dfrac{0.00155}{I}\right) \cdot \dfrac{n}{\sqrt{R}}}$$

n：粗度係数，I：動水勾配，R：径深〔m〕

∴ 平均流速 $V = \dfrac{23 + \dfrac{1}{n} + \dfrac{0.00155}{I}}{\left\{1 + \left(23 + \dfrac{0.00155}{I}\right) \cdot \dfrac{n}{\sqrt{R}}\right\}} \cdot \sqrt{RI}$

■ せきの流量計算

- 三角せき（直角三角形）

$Q = C \cdot h^{5/2}$ 〔m³/s〕

Q：流量，h：越流水深〔m〕，D：せき高〔m〕，B：水路幅〔m〕

C：流量係数 $= 1.354 + \dfrac{0.004}{h} + \left(0.14 + \dfrac{0.2}{\sqrt{D}}\right) \cdot \left(\dfrac{h}{B} - 0.09\right)^2$

- 四角せき

$Q = C \cdot b \cdot h^{3/2}$ 〔m³/s〕

Q：流量，b：越流幅〔m〕，h：越流水深〔m〕，D：せき高〔m〕

C：流量係数 $= 1.785 + \dfrac{0.00295}{h} + \dfrac{0.237h}{D} - 0.428\sqrt{\dfrac{(B-b)h}{B \cdot D}} - 0.034\sqrt{\dfrac{B}{D}}$

- 全幅せき

$Q = C \cdot B \cdot h^{3/2}$ 〔m³/s〕

Q：流量，B：水路幅〔m〕，h：越流水深〔m〕，D：せき高〔m〕

C：流量係数 $= 1.785 + \left(\dfrac{0.00295}{h} + \dfrac{0.237 \times h}{D}\right) \cdot (1 + \varepsilon)$

ε：補正係数 $D \leq 1\,\mathrm{m} = 0$，$D > 1\,\mathrm{m} = 0.55(D-1)$

■ 水門（ゲート）の流量計算

- 自由流出の場合

$Q = C_1 b d \sqrt{2g(h_1 - d)}$ 〔m³/s〕

Q：流量，b：水路幅〔m〕，d：ゲート開度〔m〕

h_1：ゲート上流水深〔m〕

C_1：流量係数（$h_1/d > 2.5$ の場合 $0.62 \sim 0.66$），g：重力加速度（$= 9.8$）

- もぐり流出の場合

$Q = C_1 b d \sqrt{2g(h_1 - h_2)}$ 〔m³/s〕

Q：流量，b：水路幅〔m〕，h_1：ゲート上流水深〔m〕

h_2：ゲート下流水深〔m〕

C_2：流量係数（$h_1/d > 2.5$ の場合 $0.62 \sim 0.66$），g：重力加速度（$= 9.8$）

■ 限界流

- フルード数

$$\mathrm{Fr} = \dfrac{V}{\sqrt{gH}}$$

Fr：フルード数，V：流速〔m/s〕，H：水深〔m〕

- 限界水深

$$H_c = \sqrt[3]{\dfrac{Q^2}{gB^2}}$$

H_c：限界水深〔m〕，Q：流量〔m³/s〕，g：重力加速度（$= 9.8$）

B：水路幅〔m〕

- 常流，射流，限界流の判定

$H > H_c$：常流，$H < H_c$：射流，$H = H_c$：限界流

土質力学

■ 土の内部摩擦角 φ の推定

標準貫入試験 N 値より

- 大崎の式

$$\phi = \sqrt{20N} + 15 \leqq 45°$$

- 道路橋示方書の式

$$\phi = \sqrt{15N} + 15 \leqq 45°$$

N：砂の N 値，ただし $N > 5$

- ダナム（Dunham）の式

$$\phi = \sqrt{12N} + 15 \leqq 45°　粒度が一様で丸い粒子の場合$$

■ 土の粘着力 c〔kN/m²〕の推定

標準貫入試験 N 値より

$$c = 6 \sim 10\,N$$

一軸圧縮強度 q_u〔kN/m²〕より

$$c = \frac{q_u}{2}$$

■ 土の一軸圧縮強度 q_u〔kN/m²〕の推定

標準貫入試験 N 値より

$$q_u = \frac{100N}{8}$$

N：粘性土の N 値

コーン指数 q_c〔kN/m²〕より

$$q_u = 5\,q_c$$

■ 地盤の許容支持力計算

- 長期許容支持力度

$$q_a = \frac{1}{3}(\alpha \cdot c \cdot N_c + \beta \cdot \gamma_1 \cdot B \cdot N_r + \gamma_2 \cdot D_f \cdot N_q)$$

q_a：許容支持力度〔kN/m²〕，c：基礎底面下にある地盤の粘着力〔kN/m²〕

γ_1：基礎底面下にある地盤の単位体積重量〔kN/m³〕

γ_2：基礎底面より上にある地盤の単位体積重量〔kN/m³〕

$\alpha,\ \beta$：形状係数

基礎の形状	連続	正方形	長方形
α	1.0	1.3	$1.0 + \dfrac{0.3B}{L}$
β	0.5	0.4	$0.5 - \dfrac{0.1B}{L}$

D_f：最低地盤面から基礎底面までの深さ〔m〕
B：基礎の最小幅〔m〕
N_c, N_r, N_q：支持力係数

ϕ	N_c	N_r	N_q
0°	5.3	0	3.0
5°	5.3	0	3.4
10°	5.3	0	3.9
15°	6.5	1.2	4.7
20°	7.9	2.0	5.9
25°	9.9	3.3	7.6
28°	11.4	4.4	9.1
32°	20.9	10.6	16.1
36°	42.2	30.5	33.6
40°以上	95.7	114.0	83.2

● 短期許容支持力度

$$q_a = \dfrac{2}{3}(\alpha \cdot c \cdot N_c + \beta \cdot \gamma_1 \cdot B \cdot N_r + \dfrac{1}{2} \cdot \gamma_2 \cdot D_f \cdot N_q)$$

構造力学

■ 応力

$$\sigma = \dfrac{P}{A} \text{〔N/m}^2\text{〕} \qquad \tau = \dfrac{P}{A} \text{〔N/m}^2\text{〕}$$

σ：垂直応力，τ：せん断応力，P：外力〔N〕，A：断面積〔m^2〕

■ ひずみ

$$\varepsilon = \dfrac{\delta}{l}$$

ε：ひずみ，δ：伸び（縮み）〔m〕，l：初期長さ〔m〕

■ フックの法則

$$\sigma = E\varepsilon$$

E：弾性係数（ヤング率），ε：ひずみ

■ 巻末資料

■ 断面二次モーメント I 〔mm^4〕と断面係数 Z 〔mm^3〕

- 正方形

$$I = \frac{h^4}{12}, \quad Z = \frac{h^3}{6}$$

- 長方形

$$I = \frac{bh^3}{12}, \quad Z = \frac{bh^2}{6}$$

- 三角形

$$I = \frac{bh^3}{36}, \quad Z = \frac{bh^2}{24}$$

- 円形

$$I = \frac{\pi D^4}{64}, \quad Z = \frac{\pi D^3}{32}$$

D：直径

■ はりの公式

- 単純ばり

荷重状態	集中荷重 P	等分布荷重 w
端部曲げモーメント	$M = 0$	$M = 0$
中央部曲げモーメント	$M = P \cdot \dfrac{L}{4}$	$M = w \cdot \dfrac{L^2}{8}$
せん断力	$Q = \dfrac{P}{2}$	$Q = w \cdot \dfrac{L}{2}$
変形	$\delta = \dfrac{PL^3}{48EI}$	$\delta = \dfrac{wL^4}{384EI}$
たわみ	$\theta = \dfrac{PL^2}{16EI}$	$\theta = \dfrac{wL^3}{24EI}$

● 片持ちばり

荷重状態	集中荷重 P	等分布荷重 w
端部曲げモーメント	$M = P \cdot L$	$M = w \cdot \dfrac{L^2}{2}$
中央部曲げモーメント	—	—
せん断力	$Q = P$	$Q = w \cdot L$
変形	$\delta = \dfrac{PL^3}{3EI}$	$\delta = \dfrac{wL^4}{8EI}$
たわみ	$\theta = \dfrac{PL^2}{2EI}$	$\theta = \dfrac{wL^3}{6EI}$

● 両端固定ばり

荷重状態	集中荷重 P	等分布荷重 w
端部曲げモーメント	$M = P \cdot \dfrac{L}{8}$	$M = w \cdot \dfrac{L^2}{12}$
中央部曲げモーメント	$M = P \cdot \dfrac{L}{8}$	$M = w \cdot \dfrac{L^2}{12}$
せん断力	$Q = \dfrac{P}{2}$	$Q = w \cdot \dfrac{L}{2}$
変形	$\delta = \dfrac{PL^3}{192EI}$	$\delta = \dfrac{wL^4}{384EI}$
たわみ	$\theta = 0$	$\theta = 0$

参考文献

（1） 土木学会編：土木工学ハンドブック（第4版），技報堂出版（1989）
（2） 農業土木学会編：農業土木ハンドブック（改訂6版），農業土木学会（2000）
（3） 土木学会編：コンクリート標儒示方書，土木学会
（4） 日本道路協会：道路土工—施工指針，日本道路協会
（5） 日本道路協会：道路橋示方書・同解説下部構造編，日本道路協会
（6） 国土交通省総合政策局監修：建設業者のための施工管理関係法令集，建築資料研究社
（7） 速水洋志：わかりやすい土木の実務，オーム社（2008）
（8） 吉田勇人：ぜ～んぶまとめて集中学習！1級土木施工管理 学科試験 レベルアップ合格問題集，オーム社（2015）
（9） オーム社編：これだけマスター1級土木施工管理技士，オーム社
（10） 井上国博・速水洋志・渡辺彰共著：図解でよくわかる1級土木施工管理技術検定，誠文堂新光社
（11） 土木出版企画委員会編：図説土木用語辞典（新版），実教出版（2006）

協力者一覧

　本書の執筆にあたり，写真の提供以外にも，下記の方々にイラスト，助言，資料などの協力をいただきました．改めて感謝の意を表します（敬称略）．

［イラスト］

　下田謙二（建設技術研究所）

［助言・資料］

　吉田勇人（栄設計），水村俊幸（技術開発コンサルタント），山田剛弘（三井住友建設），井上国博（住環境再生研究所），長友卓（前田建設工業），新津正義（JR東日本）

索　引

●英字●

AE 減水剤 …………………………… 57
AE コンクリート …………………… 58
AE 剤 ………………………………… 57
AP 標高 ……………………………… 14
GNSS 測量 …………………………… 15
GPS 測量 ……………………………… 18
H 型鋼 ………………………………… 28
ISO14000 シリーズ ………………… 216
ISO9000 ファミリー ………………… 215
ISO9001 ……………………………… 215
N 値 ………………………………… 24
OHSAS18001 ………………………… 216
PDCA サイクル … 3, 151, 156, 199
R_m 管理図 …………………………… 213
R_s 管理図 …………………………… 213
R 管理図 …………………………… 211
TP 標高 ……………………………… 14
x-R_s-R_m 管理図 ……………………… 212
$\bar{x}$-R 管理図 ………………………… 211
$\bar{x}$ 管理図 …………………… 211, 213
YP 標高 ……………………………… 14

●ア行●

アースドリル工法 …………………… 71
アーチ橋 ……………………………… 95
アウトリガー ………………………… 184
悪臭 …………………………………… 218
足場工 ………………………………… 175
アスファルト・コンクリート塊 … 227
アスファルト舗装 …………………… 87
圧気作業 ……………………………… 194
圧縮強度 ……………………………… 60
圧入工法 ……………………………… 70
圧密試験 ……………………………… 25
アルカリ骨材反応 …………………… 60
アロー ………………………………… 163
アンカー式 …………………………… 73
暗渠排水 ……………………………… 56

安全衛生管理体制 …………………… 112
安全衛生教育 ………………………… 115
安全衛生推進者 ……………… 113, 169
安全衛生責任者 ……………… 113, 169
安全管理 …………………………… 4, 168
安全管理計画 ………………………… 169
安全管理者 …………………… 112, 169
安全管理体制 ………………………… 169
安全競争 ……………………………… 170
安全掲示板 …………………………… 170
安全講習会 …………………………… 170
安定型処分場 ………………………… 235

石積擁壁 ……………………………… 78
一軸圧縮試験 ………………………… 25
一般管理費 …………………………… 33
一般建設業許可 ……………………… 107
一般廃棄物 …………………………… 233
移動式クレーン ……………………… 184
移動はしご …………………………… 173
イベント ……………………………… 163

ウェルポイント工法 ………………… 56
右岸 …………………………………… 90
請負契約 ……………………………… 107
請負工事費 …………………………… 31
打継目 …………………………… 66, 77
運搬機械 ……………………………… 145

衛生管理者 …………………… 112, 169
液性限界試験 ………………… 25, 201
塩害 …………………………………… 61
塩化物含有量 ………………………… 60
鉛直打継目 ……………………… 66, 77
エントレインドエア ………………… 58

横断面 ………………………………… 93
応力 …………………………………… 241
オープンケーソン …………………… 72
オールケーシング工法 ……………… 71

■ 索　引

押え盛土工法	54
オランダ式二重管コーン貫入試験	23
温度鉄筋	30
温度ひび割れ	61

● カ 行 ●

開削工法トンネル	101
概略設計	27
角　鋼	28
確認申請	123
重ね継手	62
ガス圧接継手	62
架設通路	173
河川区域	90
河川測量	17
河川法	122
河川保全区域	90
片持ちばり	243
片持ち梁式擁壁	76
型　枠	61
型枠支保工	176
渇水位	91
滑　動	81
稼働率	157
可燃性ガス	193
下部工	94
かぶり	62
壁　式	75
釜場排水	55
火薬類取締法	125
空積み	78
仮水準基標	21
簡易リフト	183
環境基本法	218
管工事施工管理技士	11
含水比試験	201
間接工事費	31
間接費	153
寒中コンクリート	67
管中心接合	83
管頂接合	83
管底接合	84
ガントチャート工程表	159
貫入試験	201
管理型処分場	235

監理技術者	11, 108
管理基準値	9, 204
機械掘削	188
機械式継手	62
器械的誤差	19
規格値	9, 204
規格値	204
危険防止措置	173
気閘室	194
気　差	19
技術検定	11
基準点	14
基準点測量	17
基準面	14
規制基準	121
基　層	87
基礎工事	192
亀甲積み	79
技能講習修了者	115
基本設計	27
基本測量	17
脚　立	173
球　差	19
強制排水	56
橋　長	94
共通仮設	142
共通仮設費	32
強度率	168
橋　梁	94
切石積み	79
切土施工	45
切ばり	73, 179
切ばり式	73
くい打機	192
杭基礎	81
杭打設機械	150
空気量	60
掘削機械	146
掘削面の勾配	187
クラッシュタイム	153
グラフ式工程表	160
クラムシェル	146, 181
グリーン購入法	221

索引

クリティカルパス	164
クレーン等安全規則	122, 183
クローラ	185
クローラ式	147
計画高水位	91
計画の届け出	116
径間	94
契約書	36
契約条件	136
ケーソン基礎	72
下水処理場	103
下水道	103
桁下高	94
ゲルバー橋	95
原位置試験	23
限界水深	239
限界流	239
原価管理	4, 151
建設機械作業能力	42
建設機械施工技士	11
建設機械の選択・組合せ	143
建設業の許可	106
建設工事公衆災害防止対策要綱	122, 190
建設コンサルタント	27
建設指定副産物	226
建設発生土	227
建設発生木材	227
建設用リフト	183
建設リサイクル法	226
間知石積み	79
建築基準法	123
建築施工管理技士	11
原動機	145
現場CBR試験	201
現場仮設費	31
現場管理費	32
現場契約書	37
現場条件	137
現場透水試験	23
鋼管	28
鋼管足場	175
鋼管支柱	176
鋼管枠支柱	177
高気圧作業	194
高気圧作業安全衛生規則	122
公共工事標準請負契約約款	35
公共座標	14
公共測量	17
工事・原価・品質の関係	152
工事請負契約書	7, 37
工事価格	31
工事原価	31
工事測量	17
工事の届け出	129
高所作業	191
高水敷	90
厚生労働大臣	116
港則法	126
交通対策	190
工程管理	2, 4, 156
工程管理曲線工程表	161
工程能力図	208
光波測距離	15
鋼板	28
工法規定方式	49
合流式	103
コーン貫入試験	53
コーン指数	47
コーンペネトロメータ	47
護岸	91
固結工法	54
小段排水溝	52
骨材	57
コンクリート塊	227
コンクリート工事	201
コンクリートダム	98
コンクリート舗装	89
コンクリートポンプ	63
コンクリートポンプ車	181
混合セメント	57
コンシステンシー	58
ゴンドラ安全規則	122
混和材	57

● サ 行 ●

載荷重工法	54
最高水位	91

■索　引

細骨材	57
採算速度	152
再資源化	226
再生資源利用（促進）計画	227, 232
最早開始時刻	164
最遅完了時刻	165
最低水位	91
最適計画	153
左岸	90
作業可能日数の算定	158
作業時間率	157
作業室	194
作業主任者	114, 169
作業能率低下	157
作業場	190
作業標準	200
作業床	172
山岳工法トンネル	101
三角せき	238
三角測量	18
三角点	14
産業医	112, 169
産業廃棄物	233
産業廃棄物管理票	233
残差平方和	204
三軸圧縮試験	25
酸素欠乏症	194
酸素欠乏症等防止規則	122
サンドコンパクション工法	54
サンプリング	203
シールド工法トンネル	101
ジェット工法	70, 224
四角せき	238
締固め試験	25
支間	94
敷均し厚さ	46
資源利用法	226
支持層	70
視準軸誤差	19
実行予算	151
実行予算書	4
湿潤養生	67
室内土質試験	25
指定仮設	140
指定区域	120
指定建設業	106
自動レベル	15
地盤沈下	218, 221
地盤の許容支持力計算	240
締固め厚さ	46
締固め機械	148
締固め曲線	50
写真測量	18
斜線式工程表	159
遮断型処分場	235
斜長橋	95
車両系建設機械	180
車両制限令	117
従機械	143
就業制限	111, 115
縦断線形	94
重ダンプトラック	146
シュート	63
自由流出	239
重力式擁壁	76
重力排水	55
主機械	143
主筋	30, 77
主任技術者	108
純工事費	31
上下水道	102
昇降設備	174
詳細設計	27
仕様書	37
浄水施設	102
床版橋	94
上部工	94
植生工	52
暑中コンクリート	68
ショベル	146, 181
自立式	73
伸縮目地	77
深礎工法	71
振動	150
振動規制法	119
振動コンパクタ	48, 148
振動締固め工法	54
振動ローラ	48, 148
進度管理	157

索引

人力掘削	187
水源施設	102
水質汚濁	220
水準測量	19
水準点	14
ずい道作業	193
水平打継目	66
水平排水孔	52
水面接合	83
スウェーデン式サウンディング	23
スクレープドーザ	47
スペーサー	62
すみ肉溶接	29
スランプ	59
スランプ試験	58, 201
性能表示	144
セオドライト	15
積載荷重	183
施工含水費	51
施工監理	6
施工管理技士	10
施工計画書	129
施工速度	143
施工体系図	107, 139
施行体制台帳	34, 107, 138
設計図	37
セメント	57
零点目盛誤差	19
全幅せき	239
造園施工管理技士	11
騒音	218
騒音規制法	119
送水施設	102
相対密度試験	25
測定値	203
測量機器	15
粗骨材	57
塑性限界試験	25, 201
損益速度	152

● タ 行 ●

大気汚染	219
タイドアーチ橋	95
タイヤローラ	48, 148, 181
ダウンヒルカット工法	45
多角測量	18
打撃工法	70
タックコート	87
縦排水溝	52
谷積み	79
玉掛け作業	185
ダミー	164
ダ ム	97
俵積み	79
単位水量	58
単位セメント比	58
単位体積質量試験	23
単管足場	175
段差接合	84
単純ばり	242
弾性波探査	23
タンパ	148
タンピングローラ	48, 148
ダンプトラック	146
置換工法	54
地形測量	17
地図の記号	22
地中連続壁	74
中間杭	73
柱状図	24
中性化	60
柱列式	75
丁張り	21
直接仮設工事	141
直接基礎	69, 79
直接工事費	31
直接せん断試験	25
直接費	153
沈 下	82
沈埋工法トンネル	101
墜落危険防止	172
ツールボックスミーティング	170
突合せ継手	178
月万人率	168
土留め工法	73

■索　引

土の一軸圧縮強度	240
土の含水量試験	25
土の内部摩擦角	240
土の粘着力	240
積込み機械	147
吊上げ荷重	183
吊り足場	172
吊り橋	95
ディーゼルパイルハンマ	225
ディーゼルハンマ	150
堤外地	90
定格荷重	183
低公害対策	224
低水位	91
低水路	90
堤内地	90
堤防断面	91
出来型管理	2
手すり先送り工法	175
手すり据置き工法	175
手すり先行工法	175
手すり先行専用足場方式	176
鉄筋	28
鉄筋コンクリート擁壁	77
鉄筋のかぶり	77
電気工事施工管理技士	11
電気浸透工法	56
電気探査	23
典型七公害	218
店社安全衛生管理者	169
電子レベル	15
転倒	81
電動機	145
統一土質分類法	26
凍害	61
投下設備	174
統括安全衛生管理者	112, 169
統括安全衛生責任者	113, 169
統計量	203
透水性舗装	89
等辺山形鋼	28
道路交通法	118
道路の構造	93

道路の種類	92
道路法	117
トータルステーション	15
トータルフロート	165
特定建設業許可	107
特定建設作業	119, 121
特定建設資材	226
特別管理一般廃棄物	233
特別教育	115
土工	40, 201
土壌汚染	218
度数率	168
突貫工事	161
土留め工	191
土止め支保工	178
土木工事共通仕様書	7
土木工事施工管理基準	8
土木工事特別仕様書	7
土木施工管理技士	11
ドラグライン	146
トラス橋	95
トラックアジテータ	63
トラックミキサ	63
トラフィカビリティ	47
取付管	84
土粒子の比重試験	25
土量換算係数	40
土量変化係数	40
土量変化率	40
トンネル	100
トンネル支保工	193

●ナ　行●

内燃機関	145
内部振動機	65
中掘工法	70, 224
軟弱地盤対策	53
日本統一土質分類	26
ニューマチックケーソン	72
任意仮設	141
布積み	79
根入れ深さ	80

索　引

ネットワーク式工程表 …………… 162	品質特性 ……………………… 200
練積み ……………………………… 78	品質標準 ……………………… 200
年千人率 …………………………… 168	
	フィルダム …………………………… 99
ノーマルコスト …………………… 153	深井戸工法 ………………………… 55
野面石積 …………………………… 79	深井戸真空工法 …………………… 56
法肩排水溝 ………………………… 52	普通ダンプトラック ……………… 146
法尻排水溝 ………………………… 52	フックの法則 ……………………… 241
法面勾配 …………………………… 22	物理的試験 ………………………… 25
法面の施工 ………………………… 51	不等辺山形鋼 ……………………… 28
法面排水工 ………………………… 52	不偏分散 …………………………… 204
法面保護工 ………………………… 52	プライムコート …………………… 87
	ブリーディング水 ………………… 64
●ハ　行●	フリーフロート …………………… 165
バーチカルドレーン工法 ………… 54	ふるい分け試験 …………………… 201
バーチャート工程表 ……………… 159	フルード数 ………………………… 239
配員計画 …………………………… 166	ブルドーザ …………………… 47, 181
廃棄物処分場 ……………………… 235	プレボーリング工法 ………… 70, 224
廃棄物処理法 ……………………… 233	フロート …………………………… 165
排水管 ……………………………… 83	分　散 ……………………………… 204
パイプサポート支柱 ……………… 176	粉じん作業 ………………………… 195
バイブロハンマ …………………… 225	粉じん障害防止規則 ……………… 122
配力金 ……………………………… 30	分別解体 …………………………… 226
バケット …………………………… 63	分流式 ……………………………… 103
場所打ち杭 ………………………… 71	
バックホウ …………………… 146, 181	平均水位 …………………………… 91
原興し ……………………………… 73	平均値 ……………………………… 203
腹おこし …………………………… 179	平水位 ……………………………… 91
半重力式擁壁 ……………………… 76	平板載荷試験 ………………… 23, 201
	平板測量 …………………………… 18
火打ち ………………………… 73, 178	平面線形 …………………………… 93
控え壁式擁壁 ……………………… 76	平面直角座標系 …………………… 14
控え杭 ……………………………… 21	ヘーゼンウイリアムスの平均流速公式
控え杭タイロッド式 ……………… 73	……………………………… 237
ヒストグラム ………………… 199, 205	ヘッドガード ……………………… 182
ひずみ ……………………………… 141	ベンチカット工法 ………………… 45
ヒヤリ・ハット活動 ……………… 171	変動係数 …………………………… 204
標準貫入試験 ………………… 24, 53	
標準法面勾配 ……………………… 51	ホイール式 ………………………… 147
標準偏差 …………………………… 204	豊水位 ……………………………… 91
表層処理工法 ………………… 54, 87	ポータブルコーン貫入試験 ……… 23
平　鋼 ……………………………… 28	ポルトランドセメント …………… 57
品質管理 ……………………… 4, 198	
品質管理方式 ……………………… 49	●マ　行●
品質規定方式 ……………………… 49	マーシャル安定度試験 …………… 202

■索　引

埋設物	190
膜養生	67
ます	85
マニフェスト	233
マニングの平均流速公式	237
マンホール	85
水セメント比	58
溝形鋼	28
溝掘削	46
メディアン	203
モード	203
木材支柱	177
もぐり流出	239
もたれ式擁壁	76
元方安全衛生管理者	113, 169
盛土材料	46
盛土締固め管理	49

●ヤ　行●

山積み図	166
油圧式杭圧入引抜き機	150
油圧ハンマ	150, 225
有機溶剤中毒予防規則	122
要求事項	215
養生	66
用心鉄筋	30, 77
溶接継手	62
用地測量	17
擁壁	76

予備設計	27

●ラ　行●

ラーメン橋	95
ランガー橋	95
ランマ	148
力学的試験	25
リバース工法	71
流出率	86
粒度試験	25, 201
両端固定ばり	243
累計出来高曲線工程表	160
レディーミクストコンクリート	59
レンジ	203
労働安全衛生規則	122
労働基準監督署長	116
労働災害	168
労働災害発生率	168
労務管理	6
ローゼ橋	95
ロードローラ	48, 148, 181
路床	87
路線測量	17
路盤	87
路盤工	201

●ワ　行●

ワーカビリティ	58
ワイヤロープ	186, 192
枠組足場	172, 175

〈著者略歴〉

速水 洋志（はやみ　ひろゆき）

経歴：1968年　東京農工大学農学部農業生産工学科卒業（土木専攻）
　　　　　　　株式会社栄設計入社　以降建設コンサルタント業務に従事
　　　2001年　株式会社栄設計代表取締役に就任
現在：速水技術プロダクション代表
　　　株式会社ウォールナット技術顧問
　　　特定非営利活動法人グラウンドワーク三島　理事
資格：技術士（総合技術監理部門）
　　　技術士（農業土木）
　　　環境再生医（自然環境部門（上級））
著書：「わかりやすい土木の実務」（オーム社）
　　　「土木構造物の調査と機能診断」（共著，オーム社）
　　　「これだけマスターコンクリート技士試験」（共著，オーム社）
　　　「これだけマスターコンクリート診断士試験」（共著，オーム社）
　　　「これだけマスター2級建築施工管理」（共著，オーム社）
　　　「土木のずかん」全3巻（共著，オーム社）
　　　「図解でよくわかる　1級土木施工技術検定試験」（共著，誠文堂新光社）
　　　「図解でよくわかる　1級造園施工技術検定試験」（共著，誠文堂新光社）
　　　「基礎からわかる建築・土木のしくみと技術」（共著，ナツメ社）

- 本書の内容に関する質問は，オーム社ホームページの「サポート」から，「お問合せ」の「書籍に関するお問合せ」をご参照いただくか，または書状にてオーム社編集局宛にお願いします．お受けできる質問は本書で紹介した内容に限らせていただきます．なお，電話での質問にはお答えできませんので，あらかじめご了承ください．
- 万一，落丁・乱丁の場合は，送料当社負担でお取替えいたします．当社販売課宛にお送りください．
- 本書の一部の複写複製を希望される場合は，本書扉裏を参照してください．
- JCOPY ＜出版者著作権管理機構　委託出版物＞

わかりやすい土木施工管理の実務

2015年5月25日　第1版第1刷発行
2025年6月10日　第1版第10刷発行

著　者　速水洋志
発行者　髙田光明
発行所　株式会社オーム社
　　　　郵便番号　101-8460
　　　　東京都千代田区神田錦町3-1
　　　　電話　03(3233)0641（代表）
　　　　URL　https://www.ohmsha.co.jp/

© 速水洋志 2015

組版　新生社　印刷・製本　三美印刷
ISBN978-4-274-21754-8　Printed in Japan